向阳而生的勇气

[日]岸见一郎 著
渠海霞 译

中国科学技术出版社
·北京·

IKIZURASAKARA NO DAKKYAKU：ADLER NI MANABU by Ichiro Kishimi
Copyright © Ichiro Kishimi, 2015
All rights reserved.
Original Japanese edition published by Chikumashobo Ltd.
Simplified Chinese translation copyright © 2025 by China Science and Technology Press Co., Ltd.
This Simplified Chinese edition published by arrangement with Chikumashobo Ltd., Tokyo, through The English Agency (Japan) Ltd. and Shanghai To-Asia Culture Co., Ltd.
北京市版权局著作权合同登记　图字：01-2024-2658

图书在版编目（CIP）数据

向阳而生的勇气 /（日）岸见一郎著；渠海霞译 . -- 北京：中国科学技术出版社，2025.6. -- ISBN 978-7-5236-0902-6

Ⅰ . B84-49

中国国家版本馆 CIP 数据核字第 2025Z383S3 号

策划编辑	何英娇　王碧玉	责任编辑	高雪静
封面设计	东合社	版式设计	蚂蚁设计
责任校对	焦　宁	责任印制	李晓霖

出　版	中国科学技术出版社
发　行	中国科学技术出版社有限公司
地　址	北京市海淀区中关村南大街 16 号
邮　编	100081
发行电话	010-62173865
传　真	010-62173081
网　址	http://www.cspbooks.com.cn

开　本	880mm×1230mm　1/32
字　数	170 千字
印　张	8.25
版　次	2025 年 6 月第 1 版
印　次	2025 年 6 月第 1 次印刷
印　刷	大厂回族自治县彩虹印刷有限公司
书　号	ISBN 978-7-5236-0902-6 / B・203
定　价	59.00 元

（凡购买本社图书，如有缺页、倒页、脱页者，本社销售中心负责调换）

译者序

随着现代社会生活节奏的加快，人们所面临的压力越来越大，"生存倦怠"一词便备受关注，不少人受失眠、抑郁、狂躁等问题困扰，甚至某些心理疾病越来越低龄化，很多人都感叹"活得太累太辛苦"。那么，"生存倦怠"的实质是什么呢？现代人果真面临着不可破解的"倦怠魔咒"吗？与弗洛伊德、荣格并称为"心理学三大巨头"的阿尔弗雷德·阿德勒（1870—1937）提出了"重要的不是被给予了什么，而是如何去利用被给予的东西"这一观点，并开创了"个体心理学"（individual psychology），致力于对个体生命的关注与研究，试图帮助人们更好地审视、完善自我，以便可以更加勇敢、更加从容地去面对人生困惑，活出真实自我。本书则是长年致力于阿德勒及个体心理学研究的日本著名哲学家、阿德勒心理学会顾问岸见一郎根据阿德勒的哲学思想详尽分析"生存倦怠"并探讨如何克服该问题，继而帮助读者认真而轻松生活的心理学著作。

本书内容共分为八章，从不同角度对"生存倦怠"进行了剖析，并试图给出切实可行的解决对策。"第一章　生存倦怠的实质"通过具体生动的例子解析了"生存倦怠"的本质及其表现。"第二章　原因论和目的论——拯救自由意志"借助对原因论和目的论的比较分析，探究"生存倦怠"形成的真正原因，指出借助"目的论"解决该问题的可能性。"第三章　自卑情结——解析神经症式生活方式"和"第四章　优越情结——解析虚荣心"则是通过分析"自卑情结"和"优越情结"这两种心理现象，探究"生存倦怠"背后的隐形目的与相应解决途径。"第五章　共同体感觉——与他人之间的联系"详细阐释了阿德勒心理学的核心概念——共同体感觉，指出基于"共同体感觉"的"他者贡献"是解决"生存倦怠"感的关键所在。"第六章　记忆存储器——衰老、疾病、死亡"分析了所有人生命中都不可避免的重大课题——生老病死。在该章中，作者基于阿德勒心理学指出了"他者贡献""活着本身就是贡献"等观点对于克服衰老、疾病、死亡等问题的重要作用。"第七章　克服生存倦怠"则给出了一些具体可行的建议。作者对不同情况所产生的"生存倦怠"逐一分析之后提出的对策建议非常实用。"第八章　活在当下"则强调用心感知当下实际生活的重要性，在该章中作者并非一味突出生活美好之类的论调，而是在指出现实残酷、生活辛苦的同时，建议大家既不要做一位过度美化生活的乐天主义者，也不要做一位过度否定生活的悲观主义者，而要做一个直面生活的乐观主义者，在认清生活真实之后尽力调整自己，认真而轻松地去拥抱生活。

苏格拉底说"重要的不是活着，而是好好地活着""未经

译者序

审视的人生并不值得去过",那么就让我们跟随本书一起去认真思考人生中的诸多课题,尽可能摆脱"生存倦怠"的困扰,认真而轻松地面对现实生活吧!

聊城大学外国语学院副教授、北京师范大学文学院博士
渠海霞

前　言

曾有年轻人因为想到今后四十年都要重复单调枯燥的生活而试图自杀。对此，我感到无比惊讶。在一年后的事情都很难预料到的当今社会，竟然还有人会认为今后四十年都要重复相同的生活。

人们或许也不是对现状真有什么特别大的不满。若是每天都要焦头烂额地应对生活之苦，那恐怕也就没空烦恼了。但是，人们可能也不是对当下的生活十分满足。也许是时常会产生某种不满足感，随之就会不安地觉得今后也要重复相同的枯燥生活。

总觉得能够看清今后人生的人实际上也未必就能过上预设好的人生。即便取得高学历并顺利进入所谓一流企业，也无法高枕无忧。因为，在竞争社会中，即使一时获胜，也不代表今后就可以悠然自得，人们往往会身不由己地追求一个又一个胜利。整日害怕竞争对手出现，担心自己成为竞争社会的落伍者，这样的胜者根本称不上是真正意义上的胜者。不过，究竟何谓获胜呢？真的必须获胜吗？

与那些对未来人生莫名不安的人不同，有的人会对当下生活充满焦虑，甚至有年轻人特意展示出自己划伤的手臂，眼神空洞地看着我说："看，我又把自己划伤了。"他们只能通过弄伤自己感受疼痛来感觉到自己还活着。也许他们慢慢就会不止于划伤手臂，而是产生强烈的寻死念头。

有人会忍不住地去虐待孩子。很多情况下，在父母的虐待下长大的人即便再怎么遭受过父母的粗暴对待，也试图想要证明父母是爱自己的。所以，在自己成为父母的时候，他们往往就会以同样的方式去对待孩子。如果这样他们依然还能爱孩子的话，他们就能够确信父母也爱自己。他们并非不爱孩子，反而是因为比谁都爱孩子，所以才会对孩子动手。这种痛苦不同于那些因为孩子不听自己的话而责骂孩子的父母的痛苦。

以上列举出了一些人的生存倦怠，还有人会感到与此不同意义的生活之累。歌德说"人只要努力就会有困惑"。对社会的不合理与不公正感到义愤填膺，执着地追求理想与热爱，这样的人与那些一开始便看透人生的人完全不同，他们的人生总也免不了困惑和烦恼。对于这样的人来说，活着势必要面对诸多困难与麻烦。

面对这样的人，往往会有一些通达人情世故者不厌其烦地述说现实的残酷，并劝说他们"要现实一些"。不过，即便遇到这样的劝说者，他们也无法有任何回应。很快，受到现实洗礼的年轻人就会放下曾经坚持的理想，埋没于现实之中。

有的人在不好遭遇中也想要努力保持良好心态，或者安慰自己说"人生一定会如愿以偿"。就像接下来要讲到的一样，人无法一个人独自生存，所以，不管愿意与否，都必须陷入人际关系之中。甚至可以说，如若人际关系是烦恼之源，那活着就会有苦恼。

有一天，来了一位青年。他为了不与人打交道，竟然躲在家里十多年。

"我明白谁都不会代替自己去面对人生，所以我想来找您咨询一下今后该怎么过。"

之前的人生并不会决定现在及今后的人生。我与这名开始将如何活着作为自己的课题加以思考的青年反复进行了交谈。怎么活着才好？这原本就是一个难以回答的问题，但若是想要认真度过人生，就必须要去面对这个问题。

本书中，我将首先从目的论角度阐明生存倦怠的实质，然后再具体探讨如何摆脱生存倦怠。在分析过程中，我主要依据的是奥地利精神科医生阿尔弗雷德·阿德勒所创立的个体心理学。在日本，该心理学被冠以创立者的名字后称为"阿德勒心理学"。阿德勒曾是弗洛伊德维也纳精神分析协会核心成员，后来因为学术上的对立而与弗洛伊德分道扬镳。阿德勒主张我们前面刚刚提到的目的论，认为过去并不决定现在以及未来的人生，而且也不赞同将人分为意识或无意识之类的观点［individual（个人的）一词的原意是"不可分割"］。

阿德勒心理学是对常识的一种打破，对既成价值观、无意识中形成的文化自明性也持批判立场，所以，很多人会排斥去理解和实践他的主张，希望本书能够帮助大家摆脱生存倦怠并获得幸福。

目 录　Contents

- 001　第一章　生存倦怠的实质
- 013　第二章　原因论和目的论——拯救自由意志
- 033　第三章　自卑情结——解析神经症式生活方式
- 071　第四章　优越情结——解析虚荣心
- 091　第五章　共同体感觉——与他人之间的联系
- 127　第六章　记忆存储器——衰老、疾病、死亡
- 157　第七章　克服生存倦怠
- 207　第八章　活在当下
- 239　参考文献
- 247　后记

第一章

Chapter 1

生存倦怠的实质

第一章　生存倦怠的实质

　　阿德勒的著作中讲述了很多被生活重担压得垂头丧气、步履蹒跚的形象。感觉活得很累的人往往都觉得自己担负着无比沉重的生活担子。不过，阿德勒说，即便事实果真不堪重负，也能够从容前行。本章我们就来思考一下如何才能看清生存倦怠的实质。

　　阿德勒通过以下这些形象来对生存倦怠加以不同于常识的分析。或许有人会觉得这是在调侃那些深陷烦恼或者感觉焦虑的人，但我们逐渐就会明白，阿德勒其实是要弄清倾诉生存倦怠者的真实用意。

"怪力男"

　　音乐厅的舞台上，"怪力男"举起杠铃，看似无比吃力。在观众的掌声与欢呼中，一个孩子走到了舞台上，用一只手就轻轻地拿走了那位"怪力男"刚刚举起过的杠铃。就这样，其中的骗人招数一下子便暴露了。

　　这就是通过夸张地举起实际上很轻的杠铃来欺骗人，让人觉得他好像承受了巨大的负担。阿德勒说,很多神经症患者都对这种手段非常在行。后面会具体分析神经症或神经症式的生活方式,很多人都缺乏勇气,认为自己无力解决所要面对的课题。

曾有一个人很长时间都不去公司上班。有一天,他终于慢慢恢复了精神,接受了公司同事的探访。

"你看起来很精神嘛!哪里病了呀?"同事问道。

于是,他从那一天起开始诉说自己的胸痛与不安。

"这样的情况还是第一次出现。"他说。

他认为这样的自己十分不安,还不能回公司上班。周围的人或许也认为不能让倾诉不安的人去工作。此刻,胸痛或不安就是这个人的杠铃,而他则被杠铃的重量压得摇摇晃晃、举步维艰。可是,阿德勒说,杠铃实际上并不重,而是很轻。但如果我也这么说,举着这个杠铃的人或许会非常困惑或者生气。

阿德勒将神经症患者比喻为希腊神话中出现的擎天巨神阿特拉斯。阿特拉斯在与奥林匹斯众神的战斗中失败,于是,宙斯罚他在世界的最西端用双肩支撑天空。阿德勒说,神经症患者即便是像双肩扛起世界的阿特拉斯一样肩负重担,实际上也能从容起舞。

神经症患者的确是苦于沉重负担。他们"也许不断地感觉疲惫不堪,有时还会大汗淋漓。做什么都感觉累,经常会心悸亢进。因为总是处于忧郁状态,所以就需要他人的耐心照顾，还会时常感觉不满"。

"怪力男"自己当然知道杠铃并不重，别人也能看清这一点。可他为什么还要么做呢？

卡桑德拉的呐喊

有的人会试图将世界看作"流泪谷"，总是唉声叹气、痛苦呻吟。阿德勒说，那样的人会"不断努力去过不堪重负的人生"。微小的困难也要被他们刻意夸大，所以只能悲观地看待未来。身边一发生令人高兴的事他们就会变得不安，任何人际关系都只关注"阴影面"。

"流泪谷"一词原本出自《旧约圣经》中的《诗篇》。传说到耶路撒冷朝拜的人必须经过一条干燥枯竭的谷底之路，那些借由神获得勇气、心中看到广阔道路的人，"在经过流泪谷时也会把那里当作泉源之地"。人只要活着就无法在人生道路上完全避开"流泪谷"，但有勇气的人会将其视作"泉源之地"。

但是，阿德勒说，有的人会将世界视作流泪谷，他们在任何可喜的机会中都只会发出"卡桑德拉的呐喊"。希腊神话中出现的卡桑德拉曾受到阿波罗的喜爱，阿波罗为了获得卡桑德拉的爱而赐予她预言能力。可是，卡桑德拉拒绝了阿波罗的求爱。因此，阿波罗让谁都不相信她的预言。后来，卡桑德拉预言到了特洛伊的灭亡，但她的预言完全被无视。

阿德勒所说的将这个世界视作流泪谷，只会发出"卡桑德拉的呐喊"，意思是说只讲不吉利的话。卡桑德拉预言了特洛伊的灭亡，警告说特洛伊木马会通往毁灭之路，这的确是说了不吉利的话，但她并不希望特洛伊灭亡。

希伯来的先知们一旦预言出灾难，听到的人们就会改变行动。结果，他们所预言的灾难就没有发生，所以后来就被嘲笑说是做出了无用的预言。与其说他们是提前预言未来之事的"预言家"，倒不如说他们是为了纠正人们行为而"代传"神之话语的"先知"。

与此相对，"不断努力去过不堪重负的人生之人"只说不吉利的话，这与卡桑德拉和《旧约圣经》中的先知们都不相同。接下来我们会分析哪里不同。这样的人不仅对自己悲观，在看待他人时也很悲观，他们似乎就希望这个世界是"流泪谷"。

不堪重负

没有从未走过背运的人，但有的人总是一副倒霉相，好像霉运单就只跟着他自己一样，他们甚至会认为暴风雨天气里的雷肯定会只瞄准自己。那样的人"一旦遇到人生困难，便会认为不幸就专门选中自己"。

他们整日害怕遭遇不幸，甚至不敢走出家门。即使待在家里也会惴惴不安地担心强盗会闯进自己家，或者飞机会坠落到家里来。

能够如此夸张的就只有那些以某种方式视自己为事件中心的人，他们往往充斥着强烈的虚荣心。

虽然他们会向周围人宣扬自己遭遇了多么大的不幸，但其实并未蒙受什么致命损害。虽然他们认为暴风雨天里的雷就只瞄准自己，但心里知道自己实际上并不会被雷击中，或者觉得即使遭遇可怕的不幸也只有自己会得救。他们认为自己就是事件的中心，充斥着极强的虚荣心，这究竟是什么意思，后面我们会加以分析。

他们的情绪时常会表现于外部行为。看上去十分忧郁，总是佝偻着身体走路，就好像为了向人证明自己承受着多么大的负担。他们会让人不禁联想起必须终生背负重担的女像柱。他们总是将一切都想得过于严重，用悲观的眼光去判断事物。因为抱着这样的一种心情，他们总是认为什么事都不会顺利。他们不仅会悲观地看待自己的人生，也会觉得他人的人生也都是痛苦和不幸的。而这背后所隐含的无非是虚荣心。

这里也讲到了背负重担的形象。女像柱是古希腊建筑中支撑横梁的女神像,这里用来比喻那些烦恼于自己不走运、做什么事都不顺利的人。他们会将一切都想得过于严重,一心想让周围的人觉得他们"承受着巨大的重担"。

举步维艰

第一次世界大战时,阿德勒曾在陆军医院工作。他当时被分派的工作是判断住院的患有神经症的士兵出院后能否再去服兵役。做出能服兵役的判断就意味着士兵会被再次送往前线。对阿德勒来说,必须做出这样的诊断是一种极大的痛苦。

有一个年轻人找到阿德勒,请求他帮助自己解除兵役。他佝偻着身子在房间里来回踱步。诊断结果表明他的诉求毫无依据。阿德勒必须向陆军医院提交患者的诊断报告,并由相关负责人做出最终决定。

年轻人出院的那天,阿德勒告诉他当前的状态还不能解除兵役。于是,之前一直佝偻着身子的年轻人突然挺直腰板儿,恳求阿德勒帮其解除兵役。年轻人说自己是一名苦学生,而且还有年迈的父母需要供养。他强调说若是自己不能被解除兵役,全家都会因此死掉。

跟这名年轻人谈话的那天晚上,阿德勒做了一个梦,我们后面会讲这是一个什么样的梦。这名年轻人一开始请求阿德勒帮其解除兵役的时候一直佝偻着身子，可当阿德勒一说这个愿望无法实现，他突然就挺直了腰板儿。这一点引起了我的注意。

阿德勒说，在那些笔直站立的人，特别是看上去特意做出这种笔直站立姿势的人身上，往往能够看到优越情结。他们强烈地想要表明自己比实际上更有勇气。

而那些总是佝偻着身子的人与笔直站立的人正相反，他们往往缺乏勇气，想要让人觉得自己很弱小。这样的人总是很怯懦。他们之所以采取这样的姿态是因为背负着重担。但是，就像音乐厅的"怪力男"所举起的杠铃一样，他们身上的担子其实并不重。

厄运连连

阿德勒说，"人的烦恼就是人际关系的烦恼"。很多人都会因为各种各样的人际关系而烦恼，有的人烦恼于职场中的人际关系，有的人因为没朋友或跟朋友交往不愉快而烦恼，有的人因为跟伴侣关系不睦而烦恼，等等。

阿德勒说，"那样的人由于自己对人生的各种设限，往往认为人生毫无良机，全都是失败、困难和危险"。

阿德勒在这里特别提到了"自己对人生的各种设限"。自己对人生设定界限和限制究竟是什么意思呢？阿德勒认为，那些对人生设限的人行动范围一般都比较狭小，"他们在人生中往往会设置各种壁垒来保护自己免受伤害"。设置壁垒保护自己免受伤害又是什么意思呢？

处于抑郁状态的人往往会对自己说"我之前的人生充满不幸"。并且，他们还会（从回忆中）只筛选出那些能够证明自己不幸的事件。

就像前面提到的为自己设限一样，这里就是在过去的事件中专门挑出一些不好的事情，以证明自己命运多舛。

寻找困难

非要背负沉重负担，努力寻找能够证明自己的人生满是困难的证据，有些人为什么要这么做呢？对此，阿德勒做了下面这样的解释。

有的人似乎把寻找困难、增加困难当作自己的工作，其目的是让其他人注意到自己背负的重担，不要对自己期待太多。那样的人也并不是什么都不做，他们也会着手去做些什么。但是，由于背负着沉重的负担，"无论取得怎么样的成功，都会成为他们特意夸大障碍的一个砝码，这种被故意夸大的障碍会成为其逃避课题的有利借口,因而很难跨越"。

这是他们在为认真努力之后却没有收到预期成果时设置防线。"被故意夸大的障碍"越大,事情进展不顺利时就越能够归咎于此。如果成功了,说明即使不付出特别努力也能获得赞美。但如果遇到困难,就能够借由这种困难,"获得人生特权,不被要求太多"。但是,这要以患上神经症为代价。

即便有人觉得厄运连连,人生荆棘密布、困难重重,活着无比辛苦,这也并不代表人生果真如此。

阿德勒说,某些人这么做的目的在于让他人考虑到自己所承受的重担,不对自己期待太多。这是什么意思呢?如果这种貌似负重过甚的状态不被任何人注意到其实也很麻烦。有人曾深夜接到朋友的哭诉电话,说是自己无比痛苦。这位接到电话的人非常担心,深夜驱车一小时赶到朋友那里,到了之后发现有好几个接到电话的人都在那里,也许他们并不能像孩子揭露"怪力男"貌似艰难地举起的杠铃实际上并不重时那样笑出来,但急匆匆赶到那里的朋友们还是非常困惑。如果有人这么办事,就真的谁也不爱理睬他了。但是,哭诉者本人却会认为,"没人明白自己的痛苦"。

第二章

Chapter 2

原因论和目的论——拯救自由意志

第二章　原因论和目的论——拯救自由意志

阿德勒心理学所要探寻的是行为或症状的目的，而非原因。本章将通过对比原因论和目的论，说明人的行为、症状虽然有原因，但多数情况下，正是不被意识到的目的决定了人会选择什么样的人生道路。

无论过去经历了什么，那都决定不了当下的痛苦生活。相反，人能够通过自由意志去决定今后怎么生活。

真正原因

幼小的孩子突然哭叫起来，一直哭闹不止。这种时候，即使从孩子的性格或喜好去寻求孩子哭闹不止的原因，甚至进一步追溯到遗传学说也都根本解决不了问题。法国哲学家阿兰说，这种"心理学的尝试"（ces essais de psychologie）一直持续到发现了隐藏在孩子衣服中的针，而这根针才是整件事情的"真正原因"（cause réelle）。

如果孩子是因为针哭泣，源于针的疼痛（原因）和哭泣（结果）之间的因果关系是直接的，只要消除原因，大多数孩子会立即停止哭泣。

但是，生活中并非净是去除针就能解决的问题。身体的疼痛大多只要检查就比较容易找出原因，神经症却没有那么简单。因为神经症来咨询的人在被问到这种症状是什么时候开始发生时，往往会回答一件导致症状发生的事件，因为他们认为那是神经症形成的原因。但是，倘若过去的事件是神经症的原因，那既然无法回到过去，也就没办法消除原因，从而神经症也就无法治愈。并且，与带给孩子疼痛的针不同，不能说过去的经历与现在的问题之间存在因果关系。因为即使经历相同的事情，也并不是人人都会出现一样的情况。

孩子出现问题行为的时候，教师或父母往往会认为是遗传、成长经历、家庭环境等原因所致。即便这些因素恰当解释了孩子的问题行为，那也只能说明现状，根本无法改变现状。

将过去的事情视为"真正原因"，事后对问题进行说明，这并非心理学的主题。心理学需要去探求"真正原因"。但是，如果搞错了探求方向，心理学就会失去其应有效果。

追寻造成心理创伤经历的影响痕迹，或者思考所谓遗传因素，也不是心理学的主题。何谓心理学的主题？什么是相当于造成孩子哭闹之针的"真正原因"？当孩子哭闹不止时，仅仅找出造成其哭闹的针即可解决问题。但是，一旦涉及人的言行，要了解其真正原因却并不简单。

第二章　原因论和目的论——拯救自由意志

苏格拉底悖论

有一个被称为苏格拉底悖论的命题认为，"无人想作恶"。针对该命题，马上会有人提出反论，认为应该也有想要作恶的人，不然那些无恶不作甚至杀人的人又该如何解释呢？他们认为即使那些行为端正的做好事者也有可能并非出自本心，或许并非主动想做一个正义之人，如果有机会做一些不为人知的坏事，这些人可能也会去做。

有一个吕底亚牧羊人古格斯之戒的故事。天降大雨，又爆发地震，大地突然裂开一个大洞。古格斯钻入洞中，在里面发现了貌似尸体的物体。那个尸体身上什么都没有，只有手指上戴着一个金戒指。古格斯摘下这枚戒指，走出了洞穴。

不久，古格斯发现将戒指向内转，自己就会隐形；将戒指向外转，自己就会再次现形。古格斯发现这一点之后，利用它与自己侍奉的王后私通，之后又与王后合谋杀死国王，夺取了王权。

讲这个故事的格劳孔认为，或许没有人能够始终做一个钢铁般的操守坚定者，一直坚持行正义之事，从不染指他人之物。如果考虑到这样的案例，就不能说"无人想作恶"了。

但是，到底有没有人虽然知道是恶还故意想要作恶呢？人若是知道其有害，或许就不会去作恶吧。不是有意想作恶，只是原本以为对自己有好处的事物实际上是恶，也就是对自己没好处。

"无人想作恶"就是说人人都想要为善。善是"对自己有好处"的意思,所以,"无人想作恶"的意思就是没有人愿意干对自己没好处的事,人人都想做对自己有好处的事。这其实讲了一个理所当然的事实,甚至都谈不上是悖论。虽然人会误判何为善,但求善之心不会动摇。

人人都渴望幸福

受害的人只要还在受害就会非常痛苦。苏格拉底将痛苦的人称为不幸者,并说没有人愿意遭受痛苦、陷入不幸。不愿意不幸就是说"人人都渴望幸福"。

不过,"人人都渴望幸福"这一观点在当今时代有时会受到质疑。有人认为根本不可能获得幸福,会觉得谈幸福也很难为情。当今这个时代,谁都不知道下一刻会发生什么。有时候,知名企业家会一夜间破产。即使上了好学校、进了好公司,也不一定就能过上幸福人生。有时候,也可能会因为灾害或事故瞬间失去一切。

那么,在这样的时代人就无法获得幸福吗?那些断言不可能获得幸福的人其实是没有感受到通俗意义上幸福的魅力。谁都不愿意陷入不幸,人人都想要获得幸福。尽管如此,若是人实际上并不幸福，反而还很不幸，那是为什么呢？

苏格拉底说，一国的独裁者拥有强大的力量，看似做着种种自以为对自己来说是善的事情，但其实没有做一件真正渴望的事情。独裁者若是认为将他人诛杀、驱逐出境或者没收财产之类的事情对自己有益就会去做，但若认为有害也许就不会希望如此。实际上在对自己没有好处的情况下，虽然也是做着自己想做的事情，却得不到自己渴望的结果。

即使都向往善，关于何谓善、何谓幸福的理解也因人而异。经常会出现一些情况，判断认为是善的，实际上却并非善。倘若人陷入不幸，那往往是误判了何谓善。

柏拉图和亚里士多德的"原因"论

苏格拉底被以毒害青年为理由判处死刑，行刑前他一直待在监狱里。当时，即使被宣判死刑，也有不少人会逃亡海外。弟子们都劝他越狱，但苏格拉底并未选择逃亡。苏格拉底说：因为我能坐下，便坐在这里。但是，这始终是"副原因"（synaition, sine qua non），即便那是"主原因"发挥作用的必要条件，也不是"真正原因"。"真正原因"是"善"，也就是说，雅典人，尤其是苏格拉底认为，留在监狱里是"善"。相反，若是觉得越狱是"善"，那即便身体条件相同，他或许也会立即逃走吧。

柏拉图仅思考了"真正原因"和"副原因",而亚里士多德则以雕刻为例,将原因详细划分为以下四类。

首先,如果没有青铜、大理石、黏土等物质,就不会有雕像的存在。这种情况下,青铜、大理石、黏土等物质是雕像的"质料因"(由什么构成)。其次是"形式因"(是什么),也就是雕刻表达了什么。雕刻家在进行雕刻时往往已经在大脑中描画好了所要创作的形象。最后是"动力因"(或称效力因,行为始源)。就像父亲是孩子的始源一样,雕刻家是雕刻的动力因。

除了以上这些原因,亚里士多德还思考了"目的因"(为什么成立)。自然界有很多雕刻素材,富有灵感的雕刻家或许也不少。但是,倘若雕刻家根本不具有创作意愿,那么雕刻也不会存在。雕刻家进行创作往往是出于某种目的,比如为了个人爱好,或者为了出售。

苏格拉底选择留在监狱的"真正原因"便相当于亚里士多德所讲的"目的因"。就苏格拉底的例子来讲,并非身体状况致使他留在监狱。该例中的"真正原因"是"善",也就是说,他认为选择留在监狱是"善",这才是苏格拉底的行为"目的"。

第二章 原因论和目的论——拯救自由意志

阿德勒的"原因"论

阿德勒在追问"为什么"会有某种行为时，也使用了"原因"（cause）一词。不过，值得注意的是，他在使用这个词时，并非用它指代"严密的物理学、科学意义上的因果律"。并不是说因为有了某种"原因"就一定会发生相应的问题行为。阿德勒是想要通过追问"原因"来找到行为背后的"目的"。阿德勒所要探寻的不是"从哪里来"（whence），而是"到哪里去"（whither）。阿德勒所讲的"原因"即柏拉图所说的"真正原因"，相当于亚里士多德所提到的四类原因中的"目的因"。

例如，若是孩子被宠坏了，并不能说造成这一结果的原因是母亲。的确，母亲是"动力因"，没有娇惯孩子的母亲，就不会有被母亲宠坏的孩子。但是，也并非由娇惯孩子的母亲养育起来的孩子就一定会成为被宠坏的孩子。倘若孩子被宠坏，那往往是因为孩子认为这种选择是"善"，也就是说，孩子认为被娇惯对自己来说"有好处"。阿德勒认为是各人的"创造力"（creative power，自由意志）创造出了当一名娇纵者的目的。先于选择当娇纵者的相应事件或外在现象即便是"副原因"，也不是"真正原因"。

所谓外在现象，是说哥哥姐姐下面又有了弟弟妹妹之类的情况。一旦发生此类情况，有时候，原本极其乖巧的哥哥姐姐会一下子变得令父母非常头疼，阿德勒用"跌落王座"一词来说明这种现象。若是没有妹妹出生，哥哥或许不会变成问题孩子，但哥哥也未必就一定会因为妹妹的出生变成问题孩子。离开手的石头势必会以一定的速度朝着某个方向下落，但这种严密的因果律并不适用于心理方面的"下降"。

阿德勒心理学不是"所有（被给予了什么）的心理学"，而是"使用（如何使用被给予的东西）的心理学"。并不是人所处的状况直接决定人的状态。关于遗传，道理也是一样。有的人往往会去关注自己被赋予了什么，觉得自己能力有限，但阿德勒说，"重要的不是被给予了什么，而是如何去利用被给予的东西"。

目的论

上述观点认为人的行为皆追求"善"，且以此为行为目的，基于这一观点去把握人的行为或症状的理解方式就叫"目的论"。

阿德勒将古希腊时期以来广受关注的目的论应用于教育或临床实践。阿德勒也并非没有考虑到柏拉图所说的"副原因"以及亚里士多德所讲的目的因以外的质料因、形式因、动力因，但他认为"目的"是主要原因，其他原因都从属于目的。例如，阿德勒认为大脑或内脏器官生理生化学的状态或变化是身心症的质料因，但若按照目的论立场来讲，这并不会直接引起（cause）相应症状。

阿德勒在著作中引用的案例并不仅仅只有神经症，还包含综合失调症或抑郁症等精神疾病，以及身心症。在阿德勒生活的时代，人们尚未注意到大脑异常并造成精神疾病的案例。阿德勒的女儿亚历山德拉·阿德勒是一名精神科医生，她说父亲若是知道药物疗法，应该也会接受这一观点，因为父亲"对一切进步事物总是持开放态度"。

但是，倘若阿德勒还活着，他是否会完全依赖现在的药物疗法呢？可能不会！的确，大脑一旦出毛病，身体可能会出现麻痹或丧失语言能力等症状。有些情况就像是手麻了或被束缚起来一样，即使想动也动不了。不过，下定动手之类行为目标的是我这个人，我和大脑是两回事，是我在使用大脑，而不是大脑在使用我。大脑虽然是人体最重要的组成部分，但它并非决定人行为目标的心之起源，并不是由大脑来支配心。

我五十岁时曾因心肌梗死病倒，一度徘徊在生死边缘，但最终幸运地捡回一条命。之后我随即便开始了心脏康复训练。这个词听起来可能有点儿陌生，因为心脏病人突然运动时存在血管壁破裂风险，所以要慢慢增加运动量，逐步恢复原来的生活，这就是心脏康复训练。我原来身体健康的时候行走起来毫不费力，但生病之后一下子变得非常虚弱，稍一走动便累得气喘吁吁。即便如此，我还是坚持进行康复训练，一步一步地慢慢向前挪动,这都是因为我自己认为这么做是"善",也就是对自己有好处。最终,是我希望能够再次行走的意志帮自己逐渐克服了身体方面的不便。

神经症或精神疾病方面的症状基本也与此一样。人的行为往往存在一定的目的。如果感到饥饿,就会伸手去拿眼前的食物。但是,并不是感到饥饿这件事本身导致人伸手去拿食物。在必须控制饮食的时候,即便是很饿,我们也能下定决心不吃东西。被扔出去的石子肯定会落下,并且能计算出其下落轨迹。但是,人的行为并不具有石子运动那样的固定性,它存在脱离预定轨道的可能性。

按照阿德勒所提倡的目的论来讲,神经症或精神疾病方面的症状也是一样,大脑或内脏器官生理生化的状态或变化并不会直接引起相应症状。是因为先有某种需求,症状才会被制造出来。这种需求就是患者制造症状的"目的"。只要症状被需要,即便是通过药物或催眠法之类的手段消除了某种症状,他们也一定会再有其他症状出现。例如,存在偏头痛症状的人即便借助药物消除了头痛症状,也可能会再出现失眠之类的症状。神经症患者往往会以惊人的速度治愈一个症状之后,再随即获得一种新症状。与其说是人出现了某种症状,还不如说是人靠自己的自由意志制造出了某种症状。

使用感情

感情也是一样，不是感情支配我们，而是我们为了某种目的去使用感情。

意为"冲动、愤怒、激情"的英语单词 passion，其词源是具有"蒙受、遭受"之意的拉丁语 patior。一般认为，"冲动、愤怒、激情"具有强烈的被动性，人很难去抗拒它。但是，有"使用心理学"之称的阿德勒心理学认为人并非受感情或情绪支配，而是在主动使用它们。感情的呈现或消失完全取决于意志（at will）。

当咖啡馆里的服务员弄洒了咖啡，脏了衣服的客人勃然大怒的时候，这两件事情几乎是先后紧接着发生，所以，两者之间看似存在很强的因果关系，但在同样的情况下，被弄脏衣服的客人其实未必一定会展现出相同的怒气。倘若弄洒咖啡的是一位年轻的美女服务员，客人也有可能会瞬间变得宽容起来，微笑着对拼命道歉的美女服务员温和地说声"没关系"。怒气是为了向对方传递并使其接受某种要求而被制造出来的。实际上，若是客人愤怒地大声训斥，服务员也有可能会俯首听命。

阿兰在讲完本章开头介绍到的哭闹不止的孩子的故事之后，接着引用了被进献给亚历山大大帝的名马布塞法洛斯的故事。起初，任何驯马师都无法驯服布塞法洛斯。若是一般人，恐怕都会说布塞法洛斯是一匹脾气暴烈之马了,但亚历山大大帝却耐心地寻找导致布塞法洛斯难被驯服的"针",并最终找到了它。亚历山大大帝发现,布塞法洛斯原来是害怕自己的影子,一害怕就跳,影子也会跟着跳,布塞法洛斯就会更加害怕。依照阿德勒的理论,他或许会去探寻布塞法洛斯的行为目的,说它是为了逃开自己看不懂的影子才会蹦跳。

于是,亚历山大大帝引导布塞法洛斯保持面朝太阳的姿势。通过这么做能够使布塞法洛斯安心并感到疲惫。当然,布塞法洛斯或许并不明白自己为什么会焦躁不安。

就像布塞法洛斯这个例子一样,我们需要做的不是分析人的性格或者查清过去发生的事情,而是找出患者自己都看不清楚的无意识行为或症状的目的。唯有如此,才有可能慢慢找到解决问题的办法。

拯救自由意志

相对目的论而言,通过某种原因去解释行为或症状,叫作"原因论"。前面我们已经看到,阿德勒认为人靠"创造力"(自由意志)创造出目的,人的行为并不能全都通过原因解释清楚。即使看似是人靠自由意志选择了行为,也无法彻底弄清这种行为背后的真正原因。若是一切都将消解在必然之中,那自由意志对于思考的重要性就不言而喻了。

有一位生活在柏拉图、亚里士多德时代之后半个多世纪的哲学家，名叫伊壁鸠鲁。伊壁鸠鲁是一位原子论者，但为了拯救自由意志，他认为本来依照必然法则在虚空中做直线运动的原子有时也会稍稍脱离轨道。

伊壁鸠鲁通过导入原子脱轨这一概念，指出了本来具有必然性的原子运动中所存在的例外。为了拯救自由意志而去认可原子脱轨现象，若是考虑到体系的一贯性，那就不得不说这是一个破绽。原子脱轨概念难免会有一些不自然。

但是，伊壁鸠鲁不惜冒着破坏体系一贯性的风险，也要以原子脱轨形式去认可自由意志，他这种做法实在是耐人寻味。虽然包含大脑在内的身体有时会夺去人的自由，但人的自由意志一定会超越原因，帮助人获得自由。

内驱力

石子只会朝下方落下，但人在行动时却不会只选择一种行为方式。

人的行为全都基于目标设定，生活、做事、选择立场肯定都与目标设定紧密相关。如果心中没有一定的目标，那就根本无法思考和做事。

当人想要采取某种行动的时候，往往会先有目的。并且，这种目的是靠自由意志选定的，并不是由欲求或感情推动的。一定是人先设定目标，再朝着它前进。

画一条线的时候，如果眼中没有目标，就无法成功画到终点。如果仅有欲求，那什么线也画不出来。也就是说，我们在设定好目标之前什么也做不了。在预设好前路之后，才能循序渐进。

为了画出一条线，我们需要先明确目标，但还需要先有画出这样一条线的决心以及那么做的"必然性"。

如果不下定作画决心，人就无法画出作品。画作借由目的而生。即便具备了其他所有原因，若是没有目的，不知道为何而画，画家就不会开始作画。

阿德勒在这里使用了"必然性"（notwendigkeit）一词，但并不是指石子下落那样的必然性。我想起了里尔克写给青年诗人弗朗茨·卡普斯的信。卡普斯将自己写的诗寄给里尔克，期待里尔克为自己的诗做出点评，而里尔克却建议他今后不要再去请任何人点评他的诗，同时还建议他在写诗欲望不可遏制时再去动手写诗。里尔克还建议卡普斯以下这种事情也一律不要做，那就是：写了诗之后就会在意别人对自己作品的评价，还会拿自己的诗与他人的诗做比较；把自己写的诗寄给出版社，一旦遭到编辑的拒绝就会无比难受。

里尔克建议卡普斯问问自己的内心是否"非写不可"，是不是写诗的冲动不可遏制。如果得到的答案是"非写不可"，那就按照这种"必然性"去安排自己的生活。意为"非写不可"的德语"Ich muβ schreiben"中的"muβ"的意思就是发自内心地去写（Briefe an einem jungen Dichter）。

作为善的"目的"

阿德勒创立的个体心理学所使用的表示"个人的"意思的"individual"就是源于拉丁语的"individuum（不可分割的）"一词。个体心理学将人理解为"不可分割的整体"，强调人的内在统一性。所以，个体心理学反对诸如将人划分为精神与身体、感情与理性、意识与无意识之类一切形式的二元论。

如上所述，个体心理学并不以二元论视角去理解人，所以也就不认为人会产生两种相互矛盾的欲求并因如何选择而挣扎。

例如，某人为了减肥而决心不吃零食，但又纠结于是否要吃眼前的零食，最终还是忍不住吃了。对此，个体心理学会有不同的分析。倘若是认为"忍不住吃了"或者"输给了食欲"，那就说明他实际上并没打算吃但还是吃了，于是他就可以将减肥还吃零食的责任推卸给食欲。在吃的那一瞬间，当事人认为吃对自己来说是一种"善"（有好处）。事实上，任何判断在当时的当事人看来都是一种"善"。

问题在于，是否人所有的欲求都真的是"善"。去吃眼前的零食对减肥的人来说恐怕并不是善。对于因生病而需要控制饮食的人来说，因为肚子饿就放纵饮食也不是善。尽管如此，他们之所以会伸手去拿零食，是因为那个时候判断认为吃是善。无论判断是否正确，认为是"善"的判断势必会导致相应行为。此时的"善"就可以看作是行为目的。

那时候，其实并非明明知道不可以吃但还是纠结于吃还是不吃。在减肥期间选择吃零食，这是一种错误的判断，而做出这种错误判断只是因为不明白减肥对自己来说才是真正的善。

阿德勒还针对意识和无意识提出了自己的主张，他说无意识并非脱离开意识的独立活动，只是没有被察觉和理解到而已。意识和无意识即便看似存在矛盾，其实也是"同一实体相辅相成的两个部分"。

将人视作这种不可分割的整体，这也就意味着并不认可那些在面对多种选择时因难以决断而产生的困惑与挣扎，也并不认为存在所谓面对某件事时既想做又不想做的精神背离现象。

柏拉图也指出了"明明知道却做不到"或者"感情支配人"之类的状况，并称为"放纵"（akrateia），意思就是"无力"抗拒感情之类，常被翻译为"无节制"或"意志薄弱"。

与阿德勒一样，柏拉图也不认可这种"放纵/无节制"现象。例如，柏拉图认为根本不存在人受感情支配而失去理智或常识并勃然大怒之类的现象。

如果人真正明白何谓"善"，就绝不会受感情支配。倘若发生了受感情支配之类的事情，那肯定是当事人判断认为受感情支配是"善"，至少在当时会那么想。也就是说，如果出现了所谓明明应该做却做不到之类的事情，那其实并非明知该做却做不到，而是并没有真正明白那件事是"善"，本来就应该做。

阿德勒的儿子、精神科医生库尔特·阿德勒说，阿德勒帮人类找回了被"人类行为皆由本能支配"理论剥夺掉的"尊严"。

人类行为不仅不受本能支配，也不受感情支配。过往经历或父母教育之类的因素也决定不了人的未来人生。倘若这些因素决定了人生，那未来之路就完全可以预见了。

第三章
Chapter 3

自卑情结——解析神经症式生活方式

第三章　自卑情结——解析神经症式生活方式

有的人总是试图搬出各种借口去逃避自己应该面对的课题，阿德勒将这种人的生活方式称为"神经症式生活方式"。本章就来考察一下何谓生活方式，以及何谓神经症式生活方式。

生活方式的意义

关于自己或世界的现状和理想，人们往往会各自形成一套信念体系，阿德勒心理学称这种信念体系为"生活方式"。构成生活方式的信念体系一般分以下三类。

首先是自我概念，即关于自我认知的信念。因为这是一种个人信念，所以有时候他人未必能够认同。例如，有的人即使实际上很瘦但自己也还是觉得太胖，也有的人明明是个美人但自己还是对相貌不满意。

其次是世界观，即关于世界认知的信念。有人认为世界充满危险，也有人觉得世界无比安全。关于他人也是如此，有人认为他人是必要时随时准备帮助自己的同伴，也有人将他人视为时时伺机陷害自己的恶敌。

还有就是自我理想，也就是对理想自我的认知，即觉得自己应该是什么样的。例如，认为自己应该优秀，或者觉得自己应该被喜爱。

人往往会设定并去追求目标，这与自我理想有关。这种自我理想本身就是一种目标，它是最终实现幸福目标的手段。

我们无法将自己换成另一个人。无论多么讨厌自己，无论自己有多少不足，都只能一生与自己相处，根本无法把自己换成另一个人。但是，生活方式可以改变。这就好似给电脑或智能手机的操作系统（OS）进行版本升级。即使硬件一样，一旦操作系统更新了，几乎就可以说是变成新的电脑或智能手机了。

前面看到的生活方式定义可以说是静态的，其实也有动态的定义。生活方式意同普通意义上所说的"性格"，但阿德勒给出了更加严谨的定义。

性格特征只不过是人的运动线所呈现出的外在形态。

这里所讲的"运动线"大致意同"生活方式"，即人朝着设定目标运动的路线，而所设目标或达到目标的路线又会因人而异。这种朝向目标的特有运动线或运动法则往往会贯穿个人的一生，故阿德勒称之为"生活方式"。

生活方式就好似人用来看自己或世界的眼镜。阿德勒认为世界非常单纯，但并非人人都这么看。倘若认为世界非常复杂，那是因为进行了"神经症式意义赋予",而进行这种意义赋予的人往往具有"神经症式生活方式"。具体意思我们后面会讲到。

作为认知偏差的生活方式

可以看到,人自孩提时代便开始探索"人生意义"。即便是婴儿,也会努力认识自我,试图融入自己周围的世界。孩子五岁之前便会形成较为稳固的行为模式以及问题解决方式。

对世界和自己的认知与期许,人在孩提时代其实就已经形成了最深刻而持久的概念。那之后往往会通过既成统觉(主观视角)去看待世界。经历一般会被赋予个人化的解释,而这种解释常常与儿童时期形成的人生观相一致。

从很多例子中都可以看出婴儿也会努力认识自我并试图参与周围的世界,例如,用啼哭引起周围大人的关注,或者生下来便努力吸吮母乳,等等。

"较为稳固的行为模式以及问题解决方式"其实就是生活方式。人往往会通过有色眼镜去看世界。

确立某种生活方式之后,人往往就只会通过这种生活方式去看待世界。并且,自己甚至都意识不到是在通过某种固化的生活方式在观察、思考、感知世界以及采取相应行动。

所谓"经历一般会被赋予个人化的解释,而这种解释常常与儿童时期形成的人生观相一致",是说经历本身不会被所有人都认同,肯定会被不同的人做出各自不同的解释。根本不存在不加解释的经历。

所谓"这种解释常常与儿童时期形成的人生观相一致",意思是说,如果将人生视为可怕之物,那经历就会与这种意义赋予相一致。对人生持悲观看法的人无论经历什么都会做出悲观解释,以此来印证自己的悲观看法。

被定义的世界

因为生活方式具有以上特质,所以并非人人都生活在相同的世界,而是人人都生活在自己所定义的世界。即便父母尽力对所有的孩子一视同仁,孩子也依然会觉得父母给予自己的关注、关心和爱跟给予其他孩子的有所不同。可以说,孩子们即使生长在同一个家庭,也是活在不同的世界。

人们常常错误地认为同一个家庭的孩子们都成长在相同的环境中。当然,对于同一个家庭的成员来说,有很多共通的东西。但是,各个孩子的精神状况都具有自己的独特性,与其他孩子的状况并不相同。

这种成长环境的差异并非客观的。儿童时代的状况也许会被加以不同的解释，赋予完全相反的意义。我们经常会见到兄弟两人都认为父母爱的不是自己而是另一个孩子。

性格

这种意义上的生活方式的外在表现形态就是"性格"。

性格会表现出人如何认识周围的世界、同伴、共同体和人生课题。

任何人都无法脱离人际关系独自生存。这种摆在所有人面前的人际关系是人人都无法逃避的"人生课题"。如何处理这一人生课题，或者是否要与之保持距离，对此，阿德勒用"性格"一词去理解。

因此，生活方式或者作为其外在表现形态的"性格"绝不是内在的，必须将其放在人际关系中去理解。倘若是一个人独自活着，那就谈不上什么生活方式和性格。

社会概念

阿德勒例举了丹尼尔·笛福的小说主人公鲁滨逊·克鲁索原本拥有怎样的生活方式、具有什么样的性格，但当他在无人岛上开始独自生活的时候，这都无从谈起了。鲁滨逊的生活方式在他遇到他的仆人"星期五"之后才再次呈现在人际关系中。

性格是一个社会概念。我们只有在考虑到人与周围世界的关联时才能够谈论性格。

性格是处理人生课题时"所表现出的一定形态"，"是人应对世界的方法"。

问题解决模式

生活方式、性格一方面表现了人如何认识世界、他人、人生课题；另一方面，它也是人在面对这些课题时"所表现出的一定形态"。

这里所谓表现出"一定"形态，意思是说，人在人际关系中一旦积累起来应对经验，就会逐渐掌握某种解决人际关系问题的模式。问题解决方式往往并非因时而异，而是大体固定的，遇到相似状况时总是采取相同行为方式。若是掌握了这种问题解决模式，那就会比因时制宜地重新思索解决方法要轻松便利许多，但同时也会存在无法灵活应对新状况的缺点。

这种模式的差异往往取决于如何看待他人。一个人对世界的认识方式与其行为方式往往密不可分。视他人为敌，用敌对的眼光看待世界的人会试图搜寻一些能够印证自己这种观念的证据，继而就会进一步固化这种观念。

自己选择的生活方式

人的生活方式、性格并非与生俱来。在同一个家庭中成长起来的孩子却具有不同的生活方式，如果不认为是孩子自己选定了自己的生活方式，那就无法解释这一事实。

性格绝非像很多人所认为的那样是与生俱来、自然授予的，它宛如影子一样与人紧密相连，就好比是任何状况下都可以无须深思便能够拿来运用的行为指南。性格无法对应任何一种先天力量或倾向，即便是在非常早的幼年时期，它的获得也是为了保持一定的生活方式。

倘若生活方式或性格并非与生俱来而是后天获得的，那如有必要，在面对某些问题时就能够采取不同寻常的应对方式，可人一旦改变长年形成的生活方式往往就会陷入混乱状态。因此，即便是不自由、不方便，人一般也会固守之前的生活方式。因为如果使用自己已经习惯的生活方式，那就比较容易预知下一瞬间会发生什么。

对此，阿德勒说："即便是自己赋予人生的意义存在重大偏误，纵然是我们问题解决模式方面的错误导致了诸多不顺和不幸，我们一般也不会轻易放弃之前的生活方式。我们关于人生意义的错误认识只能通过重新思考并重新审视统觉来获得修正。"

遇到有人与自己擦肩而过却并未理睬之类的情况，有人会觉得对方是因为不喜欢自己才有意躲避，而有人则会认为对方是因为心仪自己才会不好意思打招呼，持这两种不同想法的人就活在完全不同的世界。即便持前一种想法的人羡慕能够产生后一种想法的人，他们实际上也并不会想要改变自己的想法。因为，为了能够持有后一种想法就必须觉得自己有魅力，可一旦觉得自己有魅力就必须踏入未知世界。不与人深交就不会受伤，也不会遭受背叛。为了避免此类不幸遭遇，人们往往就会选择固守不方便的生活方式。

前面讲到生活方式和性格有静态定义和动态定义，两者并非互不相关。认为世界充满危险并视他人为敌的人一般不会积极主动地去与他人打交道，而将他人视为同伴的人则会毫不犹豫地去与他人交往。事实上，并不是生活方式决定人的行为方式，而是人在采取行动时有意选择了可以令其行为正当化的生活方式。

什么时候选定了生活方式

倘若生活方式并非与生俱来，那人又是在什么时候选定了自己的生活方式呢？

对此，阿德勒说："生活方式往往早在两岁、迟则五岁时就确立下来了。"

也许有人会认为，如果人是在语言习得之前便已经选定了生活方式，那么在长大成人之后再去问责那么早便已经选定了的生活方式就有些不妥了。

有一种解决方法，那就是可以认为实际上人是在更晚些时候才选定了生活方式。我认为人应该是在十岁左右选定了自己的生活方式。十岁之前的事情，即便记得，也很难清晰有序地回忆起来，但若是十岁之后的事情，就会记得较为清晰。

不过，若说几岁就选定了生活方式，那听起来就好似某个时候一下子选定了某种生活方式，但实际上，生活方式是经过反复斟酌才选择出来的。至少，我们有这种反复选择生活方式的可能性。小时候选择生活方式与长大之后选择生活方式有所不同，前者是无意识的，后者则是有意识的。

对此，阿德勒提出了下面这种调整方案。也就是说，一旦了解了自己的生活方式，之后怎么做就全由自己决定，或者说必须由自己决定了。是继续保持之前的生活方式，还是选择与之前不同的生活方式，这都能够由自己决定。

为了选择与之前不同的生活方式，首先，必须摒弃不愿改变生活方式的念头。其次，还必须明白应该选择什么样的生活方式。如果不明白以上两点，就无法做出改变，并且在之前的人生中或许已经形成了接下来要讲到的阿德勒所说的"神经症式生活方式"。

在人际关系中

神经症并不产生于心中，而是产生于人际关系之中，它往往会存在一个症状指向"对象"（gegenspieler）。比起症状本身，我们必须更加关注神经症患者与症状指向对象之间的关系。为此，必须先暂时抛开神经症症状。

对此，阿德勒说："在考察神经症式生活方式时必须时常考虑到神经症指向对象的存在。必须注意到谁会受患者症状的困扰。神经症有时也会是对社会整体的一种攻击，但通常情况下，其指向对象往往是某个或某些家庭成员，有时也会是异性。神经症总是隐含着一定的责难意味。此类患者一般会感觉自己的权利，特别是处于关注中心的权利被剥夺掉了，继而便想去责备他人。"

如果有人会受到神经症患者言行的困扰，那这个人就是神经症患者言行的指向对象。神经症患者一般是想要从其症状指向对象那里获得某种关注，希望引起对方的回应。只要指向对象给予神经症患者们所渴望的关注，他们就不会产生问题，或者症状会比较稳定。

但是，即便是家人也不可能一直去关注身边的神经症患者，所以如果得不到自己所渴望的关注，神经症患者就会觉得被剥夺了处于关注中心的权利，继而开始去责难那些不关注自己的人。有时候，神经症患者还会变得具有攻击性。所谓"神经症总是隐含着责难意味"就是这个意思。

在家庭等共同体中找到自己的恰当位置并获得一种归属感，这是人类最基本的欲求，但属于共同体并不等同于处在其中心。认为自己理应处于中心位置，甚至想要通过令家人困扰、担心之类的做法来占据共同体的中心位置，这就很成问题。

逃避前行的"手段"

人生有不得不去面对的三大"人生课题"，分别是"工作课题""交友课题""爱的课题",全都涉及人际关系。

首先,由于人不具备独自生产创造自己所需一切物品的时间和技术,所以就需要进行社会分工。之所以能够产生这种分工,是因为人学会了协作。构建利于分工实施的协作关系就是"工作课题"。

其次,由于人无法一个人独自生存,所以不仅是在工作的时候,日常生活中人们也需要相互关心与协作。阿德勒称这种与他人之间的联系为"交友课题"。与工作关系之外的朋友之间的交往就是交友课题。

另外还有"爱的课题",比如,男女之间的交往、婚姻以及与家人之间的关联等。

在关系的远近和持续性方面,工作、交友、爱这三大人生课题的难度依次增加。

人无法回避工作、交友、恋爱、结婚之类的人生课题。我们小时候处理这些课题的方式和现在基本不会有太大变化,即使换个交往对象也还是会采取与之前一样的交往方式。如前所见,我们把这种处理课题的方式叫作"生活方式",据此可以将人大致分为两类——直面人生课题的人和极力逃避人生课题的人。即使没有表现出症状,具有神经症式生活方式的人在面对人生课题时也会采取犹豫不决、踟蹰不前的态度。

只要生活方式是神经症式的,即使消除了现有症状,也依然会有其他症状被创造出来。心理咨询并不是消除症状,而是对具有神经症式生活方式的人进行"再教育"。所谓"神经症产生于人际关系之中"又是怎么回事呢？

不仅是人际关系，有的人面对自己要处理的课题时总会迟疑不决、犹豫不前。那样的人实际上是不愿去处理课题的，因为他们害怕面对做出决断和处理课题所带来的结果。自己做出的选择只能由自己来负责，而不想承担责任的人往往希望由他人来替自己做决定。因为，由于他人的决定而导致不顺时可以将责任转嫁于人。面对课题犹豫不决的人往往会做出下面这样的事情。

为了防御，把手伸到前面，但时而又会用另一只手捂住眼睛，以便不去看到危险。

虽然这类人在面对课题时并不会完全停滞不前，但会为了自保而将手伸到前面摸索着试探性地去接近课题。这里采用了象征式的说法，为了不去看危险而将眼睛捂住的"手"其实是指面对课题时令人犹豫不决的感情或情绪。因为怀疑、不安之类的感情而捂住一只眼，但另一只眼还睁着，所以面对课题时也并非完全停滞不前。

面对课题感到惶恐或不安未必是因为课题本身有多么困难。其实是因为他们首先有了不想去直面课题的决心，然后才会为了强化、加固这种决心而变得惶恐或不安。

视他人为敌

可能成为上述之"手"的并不仅仅是不安之类强化回避课题决心的消极情绪，愤怒也具有相同的作用。阿德勒说愤怒是一种使人和人变得疏远的消极情绪（disjunctive feeling）。一旦发火或者遇到对方发火，两人之间的关系就会变得疏远。如果关系变得疏远了，最终就会导致课题被搁置。

这样的人为了回避人际关系、不与他人来往，首先会将自己的问题和不足当作无法与人交往的理由。同样，他们还会找出他人身上存在的问题并将之作为难以与他人打交道的理由。责备他人不理解自己的人往往就会将那些"不理解自己的人"视为敌人。

这种情况下，对方并没有变，变的只是自己的心态。认为无法再继续与某人交往的人虽说发现了对方身上的不足和缺点，但此时所谓的缺点在原来关系好的时候也曾被视为优点。

另外，也有人会搬出自己过去的经历。因为他们想让他人知道自己之前经受的痛苦和艰辛。不过，如果对他们说过去的痛苦经历跟现在以及今后的人生都没有什么关系，那他们或许会生气地责备你根本不懂他们之前所经受的痛苦。这样的人究竟希望别人理解自己什么呢？他们又想据此达到什么目的呢？即便责备他人不理解自己并将他人视作敌人，自己也得不到任何好处，那他们为什么还要这么做呢？

这样的人是想将自己的人生视为无尽的不幸。这些人总是非常悲观消极，遇到再好的机会也只会发出"卡桑德拉呐喊"，也就是只会说些不吉利的话。并且，他们不仅对自己的事情如此，当其他人有什么可喜之事时，他们往往也净说些不吉利的话。如果在他人喜悦之时说些丧气话令对方不高兴，那么他们与当事人的关系或许迟早会结束。当然，这么做的人原本也是为了结束双方之间的关系吧。

无法取悦和接纳自己的人

问那些来进行心理咨询的人"喜欢自己吗"，一般得到的答案都是"讨厌自己"，也有很多人回答说"因为自己没魅力，所以根本没人喜欢"。这种时候，有人会说因为自己有神经症，所以无法与人交往。这么说的人虽然嘴上说很讨厌当前的自己，想要变成"积极阳光的人"，但实际上并不想做出改变。

我在为患者提供心理辅导的时候，有时会问神经症何时开始出现之类的问题，但并不会去探究原因。即便是有什么导致症状出现的事件，那也并非造成症状的根本原因。因为，我认为患者是出于某种目的才制造出了神经症。接下来就以赤面恐惧症为例来说明一下这究竟是怎么回事。

赤面恐惧症是不是有什么目的呢？为了了解其背后的真

相，需要问一问患者"在患赤面恐惧症之后有做不到的事情吗"或者"赤面恐惧症痊愈后想要做什么"。两个问题的意图其实一样。倘若后一个问题得到的答案是"想要和男性交往"，那就可以据此判断当事人眼下是想以赤面恐惧症为借口拒绝与男性交往，不具备坦然与男性交往的勇气。也就是说，患者是有意想要产生一种"我因为有赤面恐惧症才无法与男性交往"的心理。

这样的患者是有意相信自己如果没有赤面恐惧症是能够和男性交往的。从这样的答案可以知道患者是想要逃避与男性交往这一人际关系课题。她们宁愿活在各种可能性和借口之中，也不愿真实地去与男性交往。

不过，赤面恐惧症其实并不会成为她们与男性交往的障碍。因为，相比那些初次见面便思路清晰、侃侃而谈、对答如流的女性，很多男性反而更喜欢第一次见面时腼腆羞涩的女性。

实际上，患有赤面恐惧症的女性是因为害怕遭男性嫌弃和拒绝而有意躲避男性，赤面恐惧症只不过是一个借口而已。如果不与男性交往，也就不会遭受拒绝或冷遇。

在心理咨询过程中应该探明的是女性患者这种无意识的目的，也就是试图以赤面恐惧症为理由逃避与男性之间的交往。事实上，即使治好了赤面恐惧症，事态也不会与患赤面恐惧症之前有丝毫不同。当然，如果认识到这一现实，患者心里会非常难受。

在这种案例中，我们并不把消除赤面恐惧症作为心理咨询的目标。因为对眼前诉说赤面恐惧症烦恼的女性来说，这个症状其实是她用来逃避与男性交往的一种必要理由。所以，正如阿德勒所言，神经症患者往往会在迅速消除一种症状之后瞬间再获得另一种新的症状。仅帮赤面恐惧症患者消除症状的话，他们马上就会毫不犹豫地获得其他症状。

认可自我价值

医生在心理咨询中能够做的就是先将症状搁置一旁，帮助患者树立自信心。阿德勒说，"人唯有在认可自我价值的时候才能够获得勇气"。

这里所说的勇气是指参与和投身人际关系的勇气。为什么说投身人际关系需要勇气呢？因为，我们在与人打交道时未必总是能构筑良好关系，也避免不了会因遭受伤害或背叛之类的事情而伤心难过。就像阿德勒断言"一切烦恼皆源于人际关系"一样，我们甚至可以说心理咨询的主题全都是围绕人际关系所产生的问题而展开的。

若是问前面那位患有赤面恐惧症的女性是否觉得自己有价值或者是否喜欢自己，恐怕只会得到否定性的答案吧。问题是，就像前面也已经看到的那样，声称自己因神经症等原因无法投身人际关系之中的人，实际上根本不愿投身到人际关系中去。

那样的人往往会觉得自己都无法认可自我价值并取悦和接纳自己，其他人就更不会喜欢自己了，这样一想他们就更不愿与人打交道了。他们会认为不与人交往所带来的痛苦并没有与人交往可能产生的痛苦那么大，因为在他们看来，如果不与人交往就不会遭受他人的背叛、憎恶和嫌弃。

必须让患有赤面恐惧症的女性明白她是在以该症状为借口来逃避人际关系。对于患有赤面恐惧症的女性来说，她眼中的世界可以说是一个黑白的世界。或许她会认为，只要治好了赤面恐惧症，自己就能够如愿与男性交往了。但实际上，即便治好了它，她喜欢的人也有可能会不喜欢她，也有可能拒绝她的交往要求，那时她也许就会陷入深深的绝望。我们要让这样的女性患者明白，她其实是为了避免面对这样的事情而需要赤面恐惧症。

心理咨询不可能永远持续，所以在心理咨询的初期阶段，如果可以的话最好是在咨询者和心理咨询医生之间明确达成一种共识，那就是该心理咨询最终要达到什么样的目标。若不设定好心理咨询目标就开始咨询治疗，那肯定会收效甚微。

如果被问到能够为什么样的问题提供咨询，我可能会回答说："现在的你认为自己没有价值，无法取悦和接纳自我，不能获得自信。我可以提供帮你获得自信的心理咨询。"不过，我不知道来进行咨询的人是否会顺利接受这样的建议。因为，他们并不是因为认为自己没有价值才不愿投身人际关系，而是为了不投身人际关系才有意认为自己没有价值。

即便患者认可了自我价值之后依然无法顺利与男性交往，那她也会产生与现在截然不同的理解方式。只要与人交往就有可能会受伤、难过，可是生存的喜悦也只能在人际关系中获得，所以，希望大家都能鼓起勇气去直面人际关系。

那些害怕面对不受男性喜爱的现实，并想要通过不认可自我价值而舍弃投身人际关系的人，若能够认可自我价值并获得自信的话，或许就会不再那么害怕面对现实了，也许还会遇到可以交往的男性。

不过，也有可能即使获得了自信，事态也不会有什么改变。即便如此，以前认为只有通过恋爱，也就是只能通过与男性交往才能够看到自己的价值，在这个意义上其实是依存于男性，但若即使不与男性交往也能够认为自己有价值，那就不必再去依存于男性了。如此一来，对男性的看法也势必会发生变化。不是无法交往，而是没有必要交往。这其中的差别不可谓不大。

倘若改变看法之后不再把与男性交往视为人生的首要课题，那原本为了逃避与男性交往而需要的赤面恐惧症也就不再需要了。

神经症式生活方式的特征

阿德勒指出神经症患者具有如下一些特征。

首先，神经症患者直面人生课题时想要逃避、不愿去解决。神经症患者往往认为解决不了所面对的人生课题是一种"失败"。因为害怕失败，所以就会采取"犹豫不决、踟蹰不前的态度"，或者希望"时间静止"。既不止步也不退却，不参与课题就不会失败。

"如果……就……"是神经症患者的剧情主题。谁都可以说一些"如果治好了赤面恐惧症就能够和男人交往了"之类的可能性，不过神经症患者并不会将这种可能性变为现实。

我想要解决自己所有的问题，但不幸的是总是阻碍重重、难以如愿。

逃避人生课题的人总是会说"是的……但是"（yes...but），最终都不会去面对课题。依照神经症患者的理论可知，当他们说出"但是"的时候，即便嘴上说"想要解决"，但内心其实并非纠结于想做还是不想做，而是等于在说"不想解决"，此时他们实际上就已经下定了不去面对课题的决心。然后，他们就会用"但是"这样的句式搬出无法处理所面对课题的理由和借口。神经症患者往往会说"如果没有这个症状就好了"，或者"因为有这个症状才无法面对课题"之类的话，将症状作为自己逃避课题的借口。

其次，神经症患者往往认为自己无法解决课题，继而就会去依赖他人，自己不去面对课题。其实他人根本不可能代替自己解决本应由自己承担的人生课题，神经症患者却认为可能。

最后，神经症患者往往会通过症状去支配周围的人。抑郁的人会诉说自己如何痛苦。抑郁症是一种也会令周围人痛苦不堪的疾病，因为周围的人无法置抑郁症患者于不顾。

以上就是神经症患者需要相关症状的原因。只要他们不改变这种生活方式，即使一种症状消除了，也会出现另一种更加麻烦的症状。

容易形成神经症式生活方式的人

阿德勒说，以下三种类型的人容易形成神经症式生活方式。

首先是具有器官缺陷的人。阿德勒所说的器官缺陷是指会给生活造成实际不便的身体障碍。很多人即使有这种身体障碍也不会以此为借口去依赖他人，而是积极面对人生课题，但也有人会因此而变得具有依赖性，想要将自己的课题转嫁于他人。另外，有器官缺陷的人也经常会将周围的人视为嘲笑自己缺陷的可怕之人。

其次，被娇惯着成长的人往往会认为无法靠自己的力量完成课题，继而会去依赖他人，努力占据被关注和被照顾的中心地位。在这个意义上，他们会与他人形成一种支配关系。

最后，在成长过程中遭到嫌弃的人会觉得自己不被任何人爱，这个世界上没有人欢迎自己。对这样的人来说，他人是敌人，他们会试图逃避与他人之间的来往。

对于具有器官缺陷或者在被嫌弃中成长的人来说，他人往往会被其视为敌人。被娇惯着成长的人只要自己的要求被满足，一般都会视他人为同伴；但若自己的要求遭到拒绝，那也许就会即刻视他人为敌。

他们在任何情况下都会追问"我想要的东西全都到手了吗"。他们往往希望自己什么都不做就可以"坐享其成"。

从容易形成神经症式生活方式者的特征可见，具有这种生活方式的人并不是自己不具备解决人生课题的能力，而是认为他人是自己的敌人。

对阿德勒来说，神经症首先是生活方式方面的问题。他认为预防重于治疗，有必要通过改善生活方式对那些表现出神经症症状的人或者即便没有典型症状却具有神经症式生活方式的人进行再教育。

阿德勒之所以说再教育，是因为他认为生活方式并非与生俱来的，而是由自己选定的。倘若由自己选定，那就一定能够重新选择。

第三章　自卑情结——解析神经症式生活方式

作为自卑情结的神经症理论

阿德勒有时会使用"自卑情结"这个词。这与自卑感不同。自卑感是指感觉自己不如别人，而自卑情结则是将"因为是 A（或者因为不是 A），所以做不到 B"之类的逻辑广泛运用到日常交流之中。这里的 A 是为了让自己和他人都信服所搬出的理由。神经症就经常被用作 A。不过，这样的人并不愿承认自己做不到，因为，他们不想由于做不到而丢面子。

星期一早上，孩子有时会突然腹痛或头痛。但是，孩子的腹痛、头痛绝不是什么假病或装病，而是真的腹痛或头痛。孩子觉得父母不可能逼着腹痛或头痛的自己去上学，他们往往会对父母说今天实际上很想去上学，但可惜因为病痛去不了。孩子其实仅仅是不想去上学，如果没有了腹痛或头痛之类的症状，父母和老师就会想让他们去学校上学，因此，这样的孩子们需要这些症状。

大人也是一样，有时会不想去上班。但是，他们一般认为一个正常的人不能毫无缘由地旷工，如果有理由就可以请假不去上班了。因此，他们就会去寻找一些自己和他人都能接受的理由。类似于前面看到的患有赤面恐惧症的女性，她就是把赤面恐惧症当作自己无法与男性交往的理由了。

表面因果律

但是，自卑情结逻辑中的 A 和 B 其实并不存在因果关系。

一只被训练得总是跟着主人走的狗某天被车撞了，但它幸运地捡回一条命。那之后，它又开始跟主人一起散步了，但它非常害怕那个自己遭遇事故的现场，每次一去那里就吓得两腿发软、寸步难行，因此就再也不愿靠近那个地方了。

这只狗固执地认为"自己遭遇事故全赖这个地方，而不是因为自己不注意或者经验不足"，于是在它看来，危险就"总是"会在这个地方出现。

阿德勒说，神经症患者的思维方式也跟这只狗一样。由于不想丢面子，他们总是会把过去的经历、遗传、境遇、父母的养育方式等当作自己无法直面人生课题的理由。

但是，这种逻辑很快就会露出破绽。某杀人事件的犯罪嫌疑人在面对调查时说"自己是易怒性格，因为对方说了令自己恼火的话，就把对方杀掉了"。恐怕没人能接受杀人犯所说的这种理由。因在东京、京都、函馆、名古屋接连犯下杀人事件而获判死刑的永山则夫在狱中出版了一本书，在书中他说自己是因为无知和贫困才犯了罪。但是，了解他的朋友却说，"那时候大家都很贫困呀"。

我们在与人交谈的时候，恐怕都曾听到过令自己恼火的话吧。可能也有人不得不贫困度日，但并不是这些人都会成为

第三章　自卑情结——解析神经症式生活方式

杀人犯。

阿德勒说,"人在坦白自卑情结的那一瞬间,其实就是在暗示导致自己生活困难或困境的其他因素。他们可能会归因于父母或家人、自己受教育不足,抑或某种事故、干扰、压制等"。总之,只要想找,总能找出一些"原因"。

像这种以某种因素为原因来说明当前状况或状态的做法,阿德勒称之为"表面因果律"。为什么说是"表面"呢?因为,实际上并不存在因果关系。也就是说,这种说辞让原本并不存在因果关系的事情看似有因果关系。

"原因论"之所以认为原本并不存在因果关系的事情之间有因果关系,那是因为其中存在一定的"目的"。那种目的其实就是通过将现状的不顺或自己无法承担的行为责任转嫁于遗传、父母的养育方式、环境以及性格等因素,抑或通过为伤害了自己的人定罪来证实自己正确。

一出现某种重大自然灾害、事故或事件,心理创伤(trauma)或创伤后应激障碍(post-traumatic stress disorder,PTSD)之类的词语就会经常被提到。学术界一般认为人在遭遇这些事情之后心理会受到创伤,而人又会因为这种心理创伤产生强烈的抑郁、不安、失眠、噩梦、恐惧、无力感、战栗等症状。

人在遭遇灾害等事件之后不可能不受任何影响。但是,若认为谁都会因为某种事件而受到相同影响,这就等于认为人只不过是对外界刺激做出反应的简单生物。但是,人并非这种意义上的反应者(reactor),而是具有自主意志的行为者

（actor）。莉迪亚·西彻[①]说"即便行为有问题，那也不是人对刺激做出了简单反应（react），而是结合了自我意志、进化作用、社会地位等诸多因素之后采取了行动（act）"。即使经历了同样的事情，也并非人人都会因此而变得一样。无论是什么经历，其本身并不是成功或失败的原因。阿德勒认为人并非由经历决定，而是根据自己赋予经历的意义来决定自我。

当一个遭遇过重大灾害或事故的人开始哭诉不安时，那就意味着他原本就有逃避人生课题的倾向。如果是一个常常不想工作的人，那他或许会认为终于找到不工作的正当理由了。起初他还只是去遭遇事故或卷入事件的现场时会出现不安、心慌、头痛之类的症状，随后即使只是经过事故现场附近也会出现症状，很快就会发展到根本无法出门的地步。

阿德勒的女儿亚历山德拉·阿德勒曾讲过这么一件事。有位患有综合失调症的少女前来就诊，她的父母也被叫到了诊室。一位医师当着阿德勒的面跟那对忧心忡忡的父母说："你们的女儿没有康复的希望了。"阿德勒马上对其他医师说："注意！大家都听仔细了！我们怎么能说出这样的话呢？！大家怎么知道今后会发生什么呢？！"倘若人都一定会因为某种经历而变得一样，那就不得不说引导人做出改变的育儿、教育和治疗就根本不可能有任何成效了。

[①] 莉迪亚·西彻：古典阿德勒主义者，曾任美国阿德勒心理学会主席。——编者注

遇到与同伴之间的关系不睦之类的情况时，原因并不是过去的事件。那只不过说明还需要进一步改善与同伴之间的人际关系。不愿承认这一点的人往往会搬出过去的事件并将当时所受到的伤害视作心理创伤，以此来推卸当下人际关系不顺的责任。

就连被视为存在于过去的原因也并非客观存在。即便确实是过去经历过的事件，那也是"现在"对那个事件做出的定义。

不过，也有可能过去发生的事件实际上并没有发生过。我记得自己小学时曾挨过父亲的打，但当时在场的只有我和父亲两个人，所以，现在父亲已经去世，我也无法确认这件事实际上是否发生过了。也有可能只是我为了达到不愿与父亲改善关系的目的，才时不时想起那时候的事情。

一般情况下，原因论和目的论常常会被作为两种相反的观点并置在一起，但实际上原因论也包含在目的论之中。站在原因论的立场，认为过去所经历的事情是现在乃至今后生活痛苦的原因，这其实是在推卸责任。

人生谎言

那些认为过去发生的事情是现在问题之原因的人不仅是

在用这种表面因果律欺骗他人，同时也在欺骗自己。阿德勒用"人生谎言"这个非常严厉的词语来形容这种借口。

当我们致力于人生课题时，有可能会失败。但是，有的人认为做任何事都必须成功，只有在能确保成功时才会去挑战。或者，他们会提前做好各种预防措施，以便即使失败了也不会受到致命打击，这就好比走钢丝的人预想到坠落的可能性，便事先在下面拉好一张防护网。症状就是为了这种目的而被制造出来的。

有一位女孩入学之后很快便反复迟到，对此，阿德勒做出了如下分析。人在进入一种新环境时往往会先表明自己的生活方式。尤其是进入学校上学时，生活方式很快就会展现出来。因为无论之前在家里多么受关注，到了学校之后都不会再独享关注焦点、受到众人追捧。

这个女孩并不想独自去解决课题。因为之前都是由他人替自己解决课题，所以她并没有做好直面困难的准备，于是就心生畏惧想要逃避。

实际上，她也采用了那些丧失勇气者为了回避失败而时常采用的手段。也就是，任何正在做的事情都不尽心尽力地去做完。如此一来，他们就不必做出最终判断。因此，他们会尽可能地去浪费时间。对这样的人来说，时间是最大的敌人。因为在现实生活中，时间总是让人不知该如何利用才好，所以有的人便会做一些无聊的傻事去消磨时间。这个女孩就总是迟到，并且所有的行动她都会极力拖延。

有的考试明明并不怎么难，并且如果不通过考试明显无法前行，但就算在这样的时候，有的人依然会因为害怕参加考试暴露自己的实力而不去参加。为了通过考试，只能努力学习备考，但这样的人往往会找出各种不学习和无法参加考试的理由。

烦恼也是一样。只要正在烦恼就可以不必做出决断，所以才会选择继续烦恼。这其实是在借助烦恼来延迟直面课题。

拘泥于琐事的人

关于"原理主义者"，阿德勒这么说：

他们总是想要按照某种原理去理解人生现象，遇到任何状况都想要遵照一种原理去采取行动，并认为那种原理总是对的，丝毫不愿有所偏离。倘若人生不是一切都依循自己习惯的正确之道行进，他们就会非常不开心。同时，他们也大都是拘泥于琐事之人。

这里所说的"拘泥于琐事"就好比总走在路边或者固执

地寻找特定石头落脚之类的事情，也可见于只走熟悉道路之类的习惯之中，但它更是指一种离开规则、形式、原理就无法前行的生活方式。如果预先定好规则或原理，只要不偏离其中，的确是可以安心前行，但事实上根本不可能有不偏不倚的人生，也不可能一切都按照自己的预定计划发展。虽然不可能，但为了安心，有的人还是想要定下一些在别人看来很可笑的原理去规制行动。

　　是社会制度为个人而存在，并不是个人为社会制度而存在。个人的救赎确实要依赖共同体感觉的建立，但那并不意味着要像普洛克路斯忒斯所做的那样，硬让人躺在社会这张床上。

　　普洛克路斯忒斯是希腊神话中一个强盗的名字。他让抓来的行人躺在自己设置的床上，若是行人的身体比床短，就强行进行拉伸；相反，若是行人的身体比床长，那就将长出的部分切掉。据说他就是以这样残忍的方式来杀人的。
　　原理主义者就想要像普洛克路斯忒斯那样去做事。对他们来说，规则或原理是绝对的，若是不能依照这种绝对的规则或原理进行处理，那就会视现实为例外，并想让这种例外勉强去适应原理，或者是直接置之不理。例如，即使有人跑来向一直认为自己不会被任何人喜欢的人表达好感，那个人也绝不会将这件事视为自己有价值的证据，而是会将表白者的出现视作一个例外。

这种类型的人都不太喜欢广阔的人生。他们的性格最终会令时间都浪费在没有意义的事情上，还会让自己和周围的人都不开心。一旦必须进入一个新环境，他们就会失败。因为他们无法为此做好准备，而他们又坚信没有规则或"魔法语言"根本无法忍受。

原理主义者会优先遵从规则或原理。即使有更为有效的新方法，他们也不愿采用，因此最后常常会浪费时间。尽管如此，他们还是想要尽可能地避开变化。

惧怕无法控制的事物

伊坂幸太郎借自己作品中的一个登场人物说，"人往往会对自己能够控制的事物感到安心"。例如："使用枪就是因为自己能够控制使用时机。"

不过，认为自己能够控制事物的人一般会觉得自己驾驶的车比飞机更安全。实际上，汽车事故频繁发生，而飞机的死亡事故却极少出现。

"尽管如此，人还是会觉得自己驾驶的车比飞机更安全。

知道这是为什么吗？"

"因为车能够自己控制。"

实际上，即便是认为自己能够控制的事物，也存在无法控制的可能性。有人过度自信，认为自己能够调整使用频率，结果导致无法控制，例如核电站事故一旦发生就会无法补救。总之，人总想自己控制，惧怕并试图回避无法控制的事物。

自己最无法控制的事物就是死亡。自己无法决定什么时候死、怎么死，这一点就非常可怕。人际关系也无法由自己控制。我们无法预测到任何人尤其是孩子接下来会做什么，孩子甚至常常会做出一些出乎父母意料的行为。人们之所以认为育儿辛苦就是因为原本以为自己能够控制孩子，实际上却无法做到。

躲在舒适区

阿德勒时常引用广场恐惧症的例子。

该症状是"我不可以到太远的地方去。必须留在熟悉的环境中。人生充满危险，所以必须躲开这些危险"这一信念的表现。抱有这种心态的时候，人可能就会躲在屋里或者躺在床

第三章 自卑情结——解析神经症式生活方式

上拒绝外出。

在家里只会见到家人,所以比较容易预测会发生什么,可一旦走出家门就不知道会发生什么了。他们往往会认为在外面遇到的人都很可怕,外面的世界和他们自己的人生都充满危险。

但这只是他们自己将外面的世界视为危险之地,并不是世界实际上充满危险。的确,当今世界无法预测什么时候会发生灾害、事故或恶性事件,那些患有广场恐惧症的人却在通过夸大世界的危险性来为自己躲在"熟悉的环境"找一个"正当理由"。

前面提到的"难以预测"理论,对于视他人为敌、认为这个世界很危险的人来说,人际关系就很难预测,所以也就无法支配,于是他们就想要逃避。视他人为同伴的人虽然也知道人际关系的确难以预测,却不会认为他人一定是会伤害自己的可怕之人。在这样的人看来,外面的世界也不是什么危险之地。

关于前面讲到的"原理主义者",阿德勒说:

对于这样的人来说,季节进入春天都会给自己带来困难。因为在很长一段时间内,他们已经习惯了冬天。天气转暖、走出家门、与更多的人见面交流,这会令他们惊恐、烦躁。一到春天,他们肯定会变得不开心。

漫长的冬天之后,春日终于来临,人们大都会欢欣雀跃。看到冲破积雪开始绽放的花朵,听到婉转动听的鸟鸣,闷居在家里的人也会心生外出之冲动。

不过,也有人不喜欢春天的到来。因为一旦习惯的季节过去,新的季节到来,那就不得不去面对生活的变化。如果天气转暖、走出家门,那就势必得与人见面。在日本,入学、就职一般是在四月份,一想到必须重新构筑人际关系的麻烦,他们就无法开心地迎接春天的到来。即使春天来了,他们也想要像熊一样一直冬眠。

不过,这样的人实际上并不是因为外面的世界危险才不愿出去,他们其实是不愿面对到外面之后无人关注自己的事实。

最终必须消除的障碍是与不关注他的人(例如在路上擦肩而过的人)打交道的恐惧。这种恐惧源于广场恐惧症的深层恐惧,而广场恐惧症就是试图排除一切自己无法居于关注中心的情况。

像这样,他们就是想要成功居于关注中心,让爱护自己的人为自己服务。他们认为如果是在家里就能够控制家人,这是所有神经症患者身上都可以看到的共同特征。

所有神经症患者多少都会限制自己的行动范围以及与世界的接触。他们往往会跟需要处理的三个人生课题保持距离,将自己限制在自以为能够控制的环境中。像这样,神经症患者就好似制作一个狭小的房间,然后再关上门,拒绝风、阳光、新鲜空气进入自己的人生。

如此一来,由于人际关系仅限于家人之间,所以在家庭中就比较容易预测会发生什么。在这个意义上,他们就会感觉自己能够处于支配地位,例如,让父母听自己的话之类的事情等。

第四章

Chapter 4

优越情结——解析虚荣心

如果人能接受真实的自己，那就可以轻松愉快地活着。但实际上很多人都无法取悦和接纳自己的现状，有的认为必须变得特别好，有的认为必须变得特别坏。想要超出现在的状态变得更加优秀，这本身是一种正常的努力，但我们在这里想谈一谈多见于虚荣心之中、令人活得非常痛苦的个人优越性追求。

作为普遍欲求的优越性追求

阿德勒认为人作为一个整体，所做出的种种行为往往都是以追求优秀和优越性为目标。努力变优秀以摆脱无力感，这是任何人身上都能看到的普遍欲求，"能调动所有人积极性的就是优越性追求，它也是我们对人类文明所做一切贡献的源泉。人类的整体生活就是沿着这条活动线发展的，也就是从下到上、从消极到积极、从失败到胜利……"

与这种优越性追求相对应的便是自卑感。自卑感也是人人身上都有的，"优越性追求和自卑感都不是病，而是促使人健康正常努力和成长的一种必要刺激"。

个人优越性追求

如前所述,优越性追求本身并未被阿德勒否定,他视为问题的是试图通过获得个人优越性这样的方式去解决人所面对的课题。

优越性追求也分正确方向的追求和错误方向的追求。优越性追求以野心之类的形式展现出来的情况就是错误方向的追求。这种情况下,一旦与他人产生竞争关系,具有异常野心的孩子们往往就会陷入困难境况。

因为,具有异常野心的孩子往往会根据是否成功这一结果去做出判断,而不是根据应对、解决困难的能力去做出判断。我们的文明也习惯更加关心看得见的结果和成功,而不是根基教育。

这样的孩子们往往只想通过最终结果(也就是成功)来获得认可。

即使成功了,如果不被认可,他们也不会感到满足。很多情况下,遇到困难时,比起实际克服困难的尝试,保持良好的精神平衡对孩子来说才更为重要。可那些被引导得野心勃勃的孩子们却并不明白这个道理。并且,他们会觉得离开他人的赞赏就无法生存。因为抱有这样的想法，很多孩子就会被他人意见左右。

他们关心的不是应对、解决困难的能力，而是看得见的成功。但是，"轻而易举获得的成功往往容易破灭"。

对于这种具有异常野心的人来说，重要的只有是否成功这一结果，他们毫不关心达成结果的过程。一旦觉得获胜无望，他们就不愿去面对课题。如果课题很难，只有通过真实努力才能去克服，他们就往往会搬出无法面对课题的各种理由。这已经是不健康的自卑情结了。但是，这样的人有时也会仅仅因为没能获得预期结果而精神崩溃。同时，就像下文要分析到的一样，即使取得了预期结果，仅仅如此也不会令他们感到满足，他们还想要获得他人的赞赏和认可。因此，关于自己怎么做才能获得他人赞赏和认可这一点，他们常常会被他人意见左右，根本无法自己做出决断。

在分战场战斗

无论是什么事情，若是想要完成就必须付出努力。可是，一旦努力了也无法得到预期成果，就会有人放弃努力。这些人用阿德勒的话说就是在"分战场"战斗，徒然消耗精力。这里的"分战场"也可以说成是"人生的无用面",他们往往会在分战场上去追求廉价而无用的优越感。

那么,是不是人本来就不应该活在"分战场",而是应该活在"主战场"呢?也并非如此,因为生存绝不是与他人之间的竞争。人应该有生命依托,但那些将生存理解为竞争,无法找到生命真正意义和正确努力方向的人往往就会放弃应有的努力,试图在"分战场"追求优越感。工作方面无法施展才能的上司往往就会在"分战场"胡乱训斥部下。如果部下因此服软,那么上司就会获得一种优越感。若是战胜了反抗的部下,他们就更能获得优越感。

"分战场"上的优越性追求也可以在罪犯身上看到。他们往往不愿通过应有的努力去克服人生困难,而是试图利用偷盗、害人之类的便捷手段去获得他人关注,继而获得优越感。另外,神经症患者也是想要通过症状去支配他人,继而占据优势地位。抑郁症患者虽然付出了抑郁代价,但可以通过倾诉症状来引起他人关注,继而成为"征服者"。那些人就像被娇惯的孩子时常做的那样,他们已经习惯了通过向人展示自己的"脆弱"来获得成功。这种情况下的成功就是"分战场"上的成功。

阿德勒例举了一位患有清洗强迫症的女士。这位女士整天都忙于洗涤或打扫。她不停地清洗所有东西,自己房间里的东西也不让任何人碰。清洗强迫症往往会被用作"逃避性行为的手段",一旦被爱抚就会感觉自己被弄脏了。通过这种方式,她感觉自己比任何人都纯洁干净，继而达到自己追求"高贵优越感"的目标。

这样的人常常会通过取得分战场的胜利来获得优越感，他们惯用的方法就是夸耀某种不正常的优越感。不停向人展示自己脆弱的人一般还会觉得别人不懂自己的心情，继而便试图推开他人伸出的援助之手，所以，周围的人就不得不小心翼翼地跟其接触。

所有的神经症都源于虚荣心

1937年，六十七岁的阿德勒在苏格兰的阿伯丁突然离世。那时，他刚刚在阿伯丁大学完成了四天的演讲授课。结束了在阿伯丁大学的授课，正准备出发去下一个演讲地点的那天早上，阿德勒独自吃完早餐想出去散散步，可刚走出酒店就倒下了，原因是心肌梗死。

到阿伯丁的第一个晚上，阿德勒与邀请方的心理学教授雷克斯·奈特教授在入住酒店的大厅打过招呼，他们刚刚坐在沙发上的时候，一个青年走过来说："我知道二位绅士都是心理学家。但我想两位恐怕谁都说不出我是什么人吧？"

奈特满脸困惑，而阿德勒抬起头注视着那位年轻人说："不，关于你，我能讲点儿什么。你是一个虚荣心非常强的人吧？"

当对方追问为什么会认为其虚荣心强的时候，阿德勒回答说："来到两个并不认识的人面前询问人家怎么看自己，这难道不是虚荣心过强吗？"

阿德勒对奈特解释说："我总是想让我的心理学尽可能简单。也许可以说神经症全都源于虚荣心。但这么说有些太过简单，可能反而更加不好理解。"

这里所讲的虚荣心就是前面提到的优越性追求。

在虚荣心中可以看到一条向上的线。这条线展示出人一般都会感觉自己不完美，继而设定高于实际的大目标，并企图超越他人。

"向上的线"就是优越性追求。就像前面讲过的一样，希望摆脱无力状态的优越性追求、感觉自己不完美意义上的自卑感都是普遍存在的。一旦生病就会对自己的不健康状态产生自卑感，而希望摆脱这种状态就属于优越性追求。

不过，一旦发展为"设定高于实际的大目标，并企图超越他人"，自卑感就会变得过于强烈，继而便会过度追求优越性，那就不再是人人都普遍具有的自卑感或优越性追求了，自卑感成了"自卑情结"，优越性追求成了"优越情结"。

任何一种超出正常范围的"情结"都不再对人生有用。用前面已经使用过的词来讲就是，这些"情结"往往会在

"分战场"看到。自卑情结进一步发展就会成为神经症。优越情结是一种过度追求优越性的状态，也可以说是个人优越性追求或者是神经症式的优越性追求。

价值贬低倾向

有虚荣心的人往往心怀敌意，常会将他人批得体无完肤，"时刻准备嘲笑和责难他人，总是自以为是地批判所有人"。在他们看来，就好像攻击才是最好的防御。

追求个人优越性的人往往会做下面这样的事情。

这样的人会不断对他人展示出轻蔑或侮蔑，我们称为价值贬低倾向。这种倾向恰恰表明有虚荣心的人就想要把他人的价值和重要性作为攻击点。他们试图通过贬低他人来制造一种优越感。

主张"为了认识人的本性就必须摈弃不逊和傲慢"的阿德勒竟然那么直截了当地说前面那位青年是一位虚荣心很强的人，对此我很是惊讶，但阿德勒当时一下子就看清了那位青年所表现出的"价值贬低倾向"。有虚荣心的人往往会去攻击他人的价值和重要性。贬低他人价值，试图据此获得一种相对优越感,阿德勒指出这样的人身上往往潜藏着较强的脆弱感或自卑感。

承认(他人的)价值对他们来说就好像是对自己的侮辱。据此也能推测出他们身上具有一种深深的脆弱感。

正因为知道自己实际上并不优秀,才必须特意强调自己很优秀,并极力让自己"看上去"优秀。

达到上述目的的手段就是贬低他人价值。那位青年的挑衅就能令他获得一种优越感。

人人都有虚荣心

虚荣心人人都有,我们自己和周围的人身上都可以看到某种虚荣心。阿德勒说,没人能完全摆脱虚荣心,恐怕人人都多多少少具有这种倾向。当阿德勒说"神经症皆源于虚荣心"的时候,他所说的并不仅是神经症患者,也包括拥有神经症式生活方式和性格的人。阿德勒在阿伯丁的这句发言"神经症皆源于虚荣心"还有下面这段注释。

总之,试图获得认可的努力一旦占据优势,精神生活中的紧张就会加剧。这种紧张会强化人对权力和优越性目标的追求，并进一步促使其付诸行动奋力达成。这样的人会十分渴望巨大胜利，他们肯定会丧失与现实之间的连接点（unsachlich）。因为他们往往会失去与真实人生的关联，常常拘泥于自己给别人留下了什么印象，或者是其他人如何看自己之类的问题，行动的自由大大地被这些事情限制。并且，这些人身上最明显的一个性格特征就是虚荣心强。

"丧失与现实之间的连接点"的德语原文是 unsachlich，该词的反义词是 sachlich。两个词都是源于 sache（事实、现实）这一名词的形容词，sachlich 是符合事实、现实的、脚踏实地之类的意思，我将其译为"即时的、当下的"。unsachlich 的意思则是"不符合事实或现实"。

当人们在意别人怎么看自己的时候，往往就会丧失与人生之间的关联、与现实之间的关联。试图获得他人认可、努力追求个人力量和优越性的人实际上具有强烈的自卑感。真正优秀的人不会觉得还有必要让他人认可自己，也根本不会去夸耀自己的优秀。可是，那些感觉为了确认自己的能力与优秀就必须博得他人认可、好评与赞赏的人往往无法真实地活着，他们常常会丧失与现实之间的连接点。

虚荣心一旦超出一定限度，就会变成非常危险的东西。它会让人比起实际状况（sein）更加在意别人怎么看（自己在别人眼里的印象，schein），继而陷入各种各样毫无意义的事情或者消耗之中。它还会让人只知道更多地考虑自己而忽视他人，充其量也就是让人在意他人怎么看自己。即使先撇开这些不谈，关键是人很容易因为虚荣心而失去与现实之间的连接点，不理解人与人之间的关联，也不关心与人生之间的关联，自以为是地任性而为。并且，他们也完全不懂什么人生要求以及人生责任。虚荣心与其他恶行不同，它会妨碍人类的一切自由发展，因为它最终会令人只知道考虑是否对自己有利。

虚荣心强的人还会将自己的失败归咎于他人。他们往往会通过这种方式去逃避课题或者在课题面前踌躇不前。不仅仅是将失败的原因归到他人身上，从症状中寻找原因也是一样。神经症患者就是例子。神经症患者常常说"如果没有这个症状那就什么都能做"，并且他们往往只寄希望于可能性，继而忽视与现实之间的连接点。

战争·歧视·霸凌

战争往往也是基于那些认为自己国家的威信受到威胁的人们所抱有的恐惧。这样的人认为如果不贬低他国价值就无法使自己的国家获得赞誉，于是他们就会贬低他国，甚至企图通过发动战争来提高本国价值。

歧视或霸凌也源自价值贬低倾向。具有这种倾向的人想要通过贬低他人价值来夸耀自己的优秀。歧视或霸凌其实源于强烈的自卑感。认为保持普通就无法使自身价值获得认可的人就有可能会去歧视或霸凌他人，所以，若是仅仅呼吁摈弃这种违背人性的行为，那依然无法消除歧视或霸凌，我们绝对有必要去了解歧视、霸凌者的心理。

倚仗他人权势

另外，也有人不是通过贬低他人价值来相对提高自己的价值，而是倚仗他人的价值或权势采取傲慢态度。

虚荣心可能会表现在很多方面，例如，有的人常常胡乱吹牛或者滔滔不绝，总是根据是否允许自己发言来判断某个集会（的价值）。在这些具有较强虚荣心的人中，也有人并不引人注目，他们或许根本不去参加集会，甚至避之不及。这种躲避也分各种不同形式。有的是即使被邀请，但倘若不是被特别邀请就不去，或者即便去也故意迟到很久。还有的人只在一定的条件下去参加集会，去了就高傲地自我夸耀。他们有时会得意扬扬地夸耀自己的特别之处。还有一些人总是野心勃勃地出席一切集会。

自己参加的集会（或者作为经常性集会的共同体）与所属人员的价值没有关系。举个浅显的例子，并不会因为孩子考上了名校，父母就因此变得了不起。也不会因为有日本人获得了诺贝尔奖，整体日本人就变得了不起。

此处阿德勒所列举的人只是想通过讲述参加或不参加集会来引起他人关注。阿德勒还提到了那些总是野心勃勃参加所有集会的人群中，可能有的人也不是出于野心，或许他们仅仅是因为担心有人在自己不在场的时候会说一些不利于自己的话。

这些人看似具有优越感，实际上他们是极度害怕若是自己安于平凡就会被视作不如别人。

摆脱虚荣心

人如果摈弃虚荣心，选择一种脚踏实地的生活方式和性格，那就不会在意或迎合他人对自己的看法。在这个意义上来讲，不去纠结虚无的可能性，坦然接受现实的自己，能做到这一点就已经可以称得上是巨大进步了。可以说，在能够坦然接纳自己真实性格的那一刻，人就已经与以前有所不同了。

不过，像这样不去迎合他人、不在意他人评价，的确可以说是发生了很大变化,但若仅仅如此的话,也可以说是无实质内容的变化。即便是不去迎合他人、不在意他人评价、不再为满足他人期待而活的人(并且,这也是所说的取悦和接纳"真实的"自己),那也并不意味着怎么样都可以。听到"可以保持现状(或取悦和接纳'真实的'自己)",有的人就会误解这种说法的真实含义。阿德勒说,有的孩子对自己的重要性持非常乐观的态度,认为自己仅仅存在着就无比重要。

如果过度娇惯孩子,让其居于关注中心,那就可能会导致他根本不做任何努力去获得他人好感,傲慢地认为自己仅仅存在着就无比重要。

那样的孩子往往都是在娇惯中成长,时常可以占据关注中心的位置。当然,我们所说的"可以保持现状(取悦和接纳'真实的'自己)"并不是这个意思。事实上,我们还必须做一些"值得别人喜欢自己的努力"。

可以保持现状(取悦和接纳'真实的'自己)的另一层意思是在存在角度上可以坦然接纳现状。对父母来说,不是因为孩子做了什么特别的好事才去爱他(她),即便是孩子成绩不好、生病或者未能达到父母的期望值,也要因为孩子的存在而真心欢喜。

就孩子而言,父母不关注现实的自己而看重理想的自己,这会让他们很痛苦。所以,孩子最初往往试图为了满足父母期待而好好表现，可一旦无法达到父母期望值，他们往往又会试图做一些令父母烦恼的事情。这种时候，积极型的孩子一般就会出现一些问题行为，而消极型的孩子可能就会厌学或者患上神经症。希望家长告诉孩子不必用这种特殊行为引起家长或他人关注，取悦和接纳真实的自己就可以。

娇纵

前面我们从分析虚荣心讲到了被娇惯的孩子，这绝不是偶然。下面就来看一下阿德勒列举的一个女士的事例。

一位刚结婚六个月的三十岁的教师因为经济不景气而丢掉了教师职业。丈夫也没有工作。因此，尽管十分不情愿，但她还是决定去做一名公司文员。她每天乘坐地铁去上班。

某日，她在单位突然觉得自己如果不立刻从椅子上站起来就肯定会死掉。同事把她送回家之后，她马上便从那种刺激中恢复过来了。但是在那之后，每次一坐地铁，死亡念头就会向她袭来，根本无法再继续工作了。

从这个案例中能看出什么呢？阿德勒做了如下推测。

"她肯定有着强烈的虚荣心、自恋倾向，恐怕还有被夸大的自我意识（自尊心），而缺乏共同体感觉和行动力。"

并且，阿德勒还将这视为被娇惯的孩子的生活方式特征。

希望大家注意，阿德勒在这里指出她有强烈的"虚荣心"。曾经是教师的她具有强烈的虚荣心、自恋倾向以及夸张的自尊心，所以即便被生活所迫也依然无法忍受自己去当一名公司文员，她认为那样做"有失身份，是彻底的失败"。阿德勒在这篇论文的后面对共同体感觉和行动力做了详细说明。

但是，这种推测是否正确，必须通过对其加以印证的成长史方面的事实来进行确认。

她在三个兄弟姐妹中排行第二，上面有一个姐姐，下面有一个弟弟。第二个孩子往往会想要设法超过第一个孩子，而她正是这么做的。姐姐在不和善的父亲面前非常听话温顺，而她则总是能够通过哭闹来达成自己的愿望。这也就是阿德勒所说的"水的力量"。

她曾经就是利用这种力量来获得姐姐得到的东西。姐姐考试时得到了母亲送的戒指，她也坚持说想要，并且一直哭闹，直到得到了一个相同的戒指。

深得父亲宠爱的弟弟也是她的强敌。父亲对妻子和两个女儿并不怎么关心，父母的婚姻也称不上幸福。因此，她一直认为男性不可信赖。父母不幸福的婚姻其实并不是导致她无法信赖男性的原因，这从前面的分析就能够看明白，她只是想要把这件事当作自己婚姻生活不顺利时的挡箭牌。

可是，当被问到婚姻生活是否幸福的时候，她痛哭着说自己是最幸福的女人。再问她那为什么要哭，她则回答说是因为总是害怕这种幸福不会长久。从这里可以看出，不仅是现实事件，就连婚姻失败之类的潜在事件也会令她惶恐不安。

对此，阿德勒解释说："她所期待的明确的最终目标是通过习惯性地（虽然并不了解其中的关联）表明自己是一个容易不安并需要周围人照顾的人来强化优越性和安全感。因此，她就像所有的神经症者一样，属于前述那种不懂关心他人，而是视他人为榨取对象，几乎不展示出任何行动力的类型。"

这里讲到了不关心他人，对他人的关心正是共同体感觉的意思（下一章会进行详细分析），而像她这样不关心他人的人往往就会缺乏共同体感觉。他人或许依然想要关心、帮助这样的人，但是像她这样的人几乎不会为他人做些什么。这就是"缺乏行动力"的意思。尽管如此，她自己却会去榨取他人的共同体感觉。

她一乘坐地铁去公司上班就会出现惊恐症状。她认为那样的工作会拉低自己的身份。可能她也觉得自己无法很好地胜任那样的工作，因此，面对这样的工作，为了保住自身，她设置了一个"死亡问题"。她所做的梦也展示出相同的情况，她的梦中出现了故去的人。就这样，她在睡着的时候也无法摆脱死亡问题的困扰。

她似乎是想要说"与其继续做这种工作，还不如死了好"。但是，阿德勒分析说她最终期待的绝不是什么死亡，而仅仅是放弃工作。

就像前文已经写到的那样，她说，因为父母的婚姻并不幸福，所以自己才无法信赖男性。但父母不合与她无法信赖男性之间其实并不存在因果关系。她只是从记忆中筛选出父母的婚姻生活来为自己的婚姻生活不顺时设一道心理防线，找一个可以推卸责任的理由。

同样，死亡问题也是她为了让自己和他人都承认自己无法再继续工作下去而搬出的理由。不得不说，像她这样认为"与其继续做职员工作，还不如死了"的人其实是具有强烈的虚荣心。

与他人之间的联系

虚荣心一旦过于强烈，人就会更多地考虑自己而忽视他人，也会忘记自己应该面对的人生课题以及应尽的生命责任。

那些被娇纵的孩子往往都希望自己成为关注焦点，根本不考虑他人，只在意别人怎么看自己，他们只关心自己。这里所说的为他人付出就是前面提到过的"行动力"。

我们时常想要与共同体相联系，也相信自己与共同体有联系，或者至少想要显示出自己与共同体有联系，这正是独特生活方式、自主思考能力和积极行动方式产生的源泉。

能感觉到自己归属于某个共同体，这是人的基本欲求。与共同体之间的联系并非被动的。并不仅仅是说生活在某个共同体中，更为重要的是通过积极付出来获得归属感。

怎样才能不去在意他人怎么看自己？怎么才能摆脱认可欲求？如何才能脱离虚荣心、神经症或者神经症式生活方式？对于这些问题，阿德勒给出的答案是关心他人、为他人付出。接下来我们将进一步考察这其中的意思。

第五章

Chapter 5

共同体感觉——与他人之间的联系

阿德勒所给出的摆脱神经症的方法是关心他人,这正是阿德勒心理学的关键概念"共同体感觉"。本章我们就来思考一下如何跟与自己一样具有自由意志、绝对不能用武力支配的他人相处。

并非一个人独自活着

人并非一个人独自活着,而是活在与他人之间的关系中。一个人无法成为"人间"(人之间),这与其说是因为人很弱小,倒不如说是人的存在本质上就是以他人的存在为前提。人并不是即便独自一个人也能生存但还是需要与他人共生,而是一开始就是社会性的存在。不可能有永久脱离社会或共同体独自生存的人。

所以,"人的烦恼皆为人际关系烦恼"。每日躲也躲不过的人际关系确实非常麻烦。

作为阻挡去路的他人

倘若可以一个人独自生存，那就不会受到任何人的干涉或阻挠，一个人独自生存的世界也根本不会有正义、非正义之分。可是，人实际上并不能一个人独自生存，我们离开了他人根本无法生存。这里所说的他人是以母亲为代表的保护我们的存在。实际上，婴儿为了活下去必须让父母喂自己食物。由于不会说话，婴儿就必须用啼哭之类的方式来表达自己的要求。阿德勒说，"婴儿支配人却不受人支配，因此最强大"。

当然，这种日子不会一直持续。因为，慢慢地，孩子就不再需要为了活下去而去支配父母或周围的大人了。不过，即便是不再需要支配他人，也会有人在精神上依然保持婴儿状态。这样的人往往会觉得他人是阻挡自己去路、干涉自己生活的麻烦存在。

人拥有自由意志，所以能够选择如何行动，但拥有这种自由意志的并不仅仅只有自己，他人也拥有自由意志。所以，我们无法像控制物品一样让他人按照我们自己的想法去行动，自己也不会受他人意志操纵。

我们未必总是能与拥有自由意志的他人保持良好关系。因为，无论大人还是孩子，没有人会完全顺从他人指令。正因为如此，阿德勒说，一切烦恼皆为人际关系烦恼。

哲学家森有正说，人自身具有想要做某些事的"内驱力"。但是，一旦想要去实现这些想法，势必就会遇到种种阻碍。而这些阻碍又往往会出现在与他人的关系中。我们必须要想办法克服这些障碍。不过当有人阻挡去路时，依靠武力的解决并不是真正的解决。当阻挡去路者是孩子时，很多人会说"孩子嘛，打一顿不就解决了"之类的话，但那么做并不能真正解决问题。

所以，怎么做才能"真正解决"问题呢？

"例如，与对方商量，或者争取获得对方理解，抑或自己理解对方继而接受那种障碍实际上并不是障碍，等等"，通过不断尝试此类做法，努力克服外来障碍。

武力根本无济于事

即便他人帮助自己，那也只是他人的好心，而并非义务。我们既不能用武力操纵他人，也不能用感情支配他人。愤怒是为了让他人按照自己的意愿行动而创造出的一种感情。若是不能利用武力或感情去操控他人，那又应该怎么做呢？

唯有用语言去拜托他人。不过，使用语言去与人沟通，那也并不是怎么说都可以。如果命令他人，往往会遭到抗拒；如果使用疑问句或假设句，为对方留有拒绝余地，那对方就会比较容易听进去。

但是，即使去拜托，他人也未必就一定能够答应自己的要求。即便如此，我们也只能通过这种方式让他人了解自己的诉求。有人认为，即使自己不说，别人也应该明白自己在想什么，但这是不太可能的。

他者的他者

假设突然感觉有人在看自己，抬头一看，知道不是人而是人体模型，这时就会放下心来。但是倘若看着自己的是一个真实的人，就会感觉难为情。二者有什么不一样呢？因为"我"是作为"他者的他者"而存在。就像我会对他者做种种想象一样，他者也会对我做种种想象，也就是在他者之中发现了与自己相同的主观性。他者并非只是映照外部世界的镜子，而是会对映照过来的事物加以认识、理解、感受、思考的存在。正因为我们感到自己被这样的他者盯着看，才会觉得难为情。

属性赋予

他人是与自己不同的、具有独立人格的个体。尽管如此，还是会有人试图按照自己的认知方式去解释他人的言行。

R.D. 莱因用"属性化"或"属性赋予"（attribution）这样的词来说明人们对自己或世界的解释或定义。

属性就是"事物所具有的特征或性质"之意。说"那朵花很美"时的"美"就是属性（属于花的性质）。自己如何看自己，也就是自我属性化，与他人对自己所做的属性化有时候会不一样。

当来自自我的属性化与来自他者的属性化不一致时，如果其中一方是孩子，多数情况下孩子都无法否认大人（父母）对自己所做的属性赋予。这种情况下，对孩子来说，父母对自己的属性化事实上就成了一种命令。有时候，即使孩子说非常讨厌父母，父母也会满不在乎地说"可是，我知道你是喜欢我的"，这时就会形成一种"虚假的联系"（false conjunction）。

孩子出生之后的好几年里，如果没有父母的保护，就会无法活下去，但之后他们很快就会长大和自立。明明孩子想要脱离父母，有些父母却不愿接受"真正的背离"（real disjunction），于是就按照自己的意愿加以解释并试图将孩子留在自己身边。

即便孩子没想脱离父母，父母和孩子也具有各自独立的人格，本质上是互相分离的个体。可是，有的人就是想要通过进行属性赋予来制造一种"虚假的联系"，假装父母与孩子之间没有任何隔阂。

理解

这样的属性赋予之所以无效是因为他人肯定会超出我们的"理解"。法语中表示"理解"意思的词语 comprendre 也有"包含"或"蕴含"的意思,但我们无法通过属性赋予去"包含或理解"他人,他人一定会超出我们的"包含或理解"。

理解只能通过"包含"去实现,但这种"包含"是否正确必须不断加以检验。我们经常会见到有父母说自己最了解孩子,实际上不太可能有那样的事情,但父母毫不怀疑自己对孩子的理解。并且,我们还会经常见到孩子也不去抗拒父母的属性赋予,而是直接接受。但是,孩子并不是为了满足父母的期待而活,所以就应该去抗拒来自父母的属性赋予。

理想化的他者

陀思妥耶夫斯基的长篇小说《白痴》中的梅诗金公爵仅仅看了一眼纳斯塔西亚的照片就说,"这张脸上写满了烦恼"。那也许只是梅诗金看到的"幻象",但他的语气非常肯定。可是,那不过是梅诗金根据自己之前与他人的接触经验进行的推论,也就是说,他想起了与照片中的纳斯塔西亚非常相似的人，然后就想象着纳斯塔西亚跟那个人的性格非常相似。

森有正在作品《在巴比伦河畔》中写过第一次对女性感到一种类似乡愁的感情、憧憬以及朦胧的欲望。实际上，森有正从未跟自己喜欢的女性说过一句话，也没有过其他任何交流。"夏天一结束，她就离开了。"但森有正却说那时感觉她明白自己的心。这种恋情"并没有与对象直接接触，完全是主观地构建了一个理想形象"，也就是在不考虑对方的情况下出现了一个"爱的原型"。森有正也明白这一点，他说"那已经不是她本人了，只是我构想的一个原型"。在某种意义上，森有正没有跟她交谈过或许也是好事，因为如此一来，她就能够作为"原型"永远活在森有正的心中。

交谈

关于他人，即便我们再怎么仔细地对其加以想象，那也只是我们将自己之前对他者所持有的印象加在他者身上。并且，那种印象大都只是我们自己的主观想法。要想认识到这种印象的偏误，只需要跟对方稍加交谈就可以了。

并且，他人之所以不符合自己的想象，正是因为他者就是他者。我们关于他者的想象至少无法全面适用于现实的他者。明白这一点是他者或者人格成立的必要条件。

哲学家波多野精一这么来说明"人格"的成立。他说当我们靠在窗边眺望窗外过往行人的时候，映入眼帘的人即使被称为"人"，严格说来那也不是"人"，而是"物"。很多人在走着，突然认出其中一个人是自己的朋友，于是跟其打招呼，对方随即做出了回应。

他是我的朋友，我们进行了交谈，他便不再只是被眺望的客体。主体性的体现就在于这种相互交谈、相互建立实践关系和彼此的互动之中。此时，"人格"就成立了。

有了语言交流之后，他者才开始摆脱属性化，不再"只是被眺望的客体"。离开交谈之类的交流，人格就不会成立。

不过，也许通过简单的交谈就足以明白自己基于之前经验产生的关于他者的印象是错误的，但仅仅如此还不能"了解"拥有独立人格的他者。不仅如此，即便是长期待在一起进行过诸多语言交流的人，有时候也称不上对其真正了解。

为什么会这样呢？这是因为我们在构建有关他人的印象，也就是前面讲到的进行"属性化"时，那种印象或属性的正确性并未以某种形式得以验证。即便并未做什么验证，还是有很多人坚信自己能够正确理解他者。他们甚至从未想过自己是否也有可能无法理解他者。即便不是人，就连眼前的物品，也不能说因为可见可触就能够正确认识。我们每天都会看错、听错好多次。了解人自然就更不容易了。

第五章　共同体感觉——与他人之间的联系

仅仅交谈三言两语的话很难理解他人，即使进行较为深入的对谈，也难以真正理解对方。即便如此，对话依然是超越属性化的突破口。仅仅进行形式上的交谈，根本无法了解一个人，真正意义上的人格也不会成立。无论怎么交谈，倘若自己对对方抱有强烈的偏见，不能认识到对方有超出自己理解的方面，那他者就只是自己的观念，不会作为独立的人格呈现出来。

擦肩而过，对方没有理睬自己的时候，有人会认为是因为对方讨厌自己，这样的人其实是为了逃避与对方之间的关系才会进行那样的解释。他们认为那样解释对自己来说是一种"善"，对自己"有好处"，但那种解释其实是为了迎合自己逃避与对方之间的关系这一目的，还需要进一步验证自己是否歪曲了现实。

如何看待他者

人无法摆脱人际关系而独自生存。人的言行并不是在无人的真空中进行的，言行一定会有其指向的"对象"。

是视他者为敌人还是同伴，这决定了人际关系的状态。这一点可以通过一个人与他人说话时眼睛是否注视着对方看出来。阿德勒说，不愿直视大人的孩子往往具有不信任感。这未必是因为心怀恶意，将视线移开不去看对方，哪怕是一瞬间，也表示不想与对方建立联系。

叫孩子过来时，根据他（她）靠过来多近也可以看出孩子如何看待他者。很多孩子都是暂且保持一定的距离，先探测一下状况，再根据需要靠近或走开。

语言也是以他者的存在为前提。如果只有一个人活着，那就不需要语言了。逻辑也是一样，如果只有一个人，那或许也不需要什么逻辑了。不过，若是使用只有自己能懂的语言，就无法与他者共生。为了与他者共生，我们需要有语言、逻辑和常识。自我中心主义者所具有的往往不是常识，而是个人认知。如果没有常识，就根本无法进行交流。"个人化的意义是毫无意义的。真正的意义只能在与他者的交流中体现出来"。

阿德勒认为这种必须在生活中与之产生关联的他者是"同伴"而非"敌人"。同伴的原语是 mitmenschen，根据这个词被创造出的 mitmenschlichkeit 一词，意同阿德勒心理学的核心概念"共同体感觉（gemeinschaftsgefühl）"。该词的意思是"同伴"（fellowmenship, solidarität），即人和人（mitmenschen）相联系（mit）。

同伴的存在

视他人为同伴，这本质上也是一种定义判断。为什么阿德勒会视他人为同伴呢？

阿德勒之所以积极肯定他者的存在，认为他人对自己来说是"同伴"，这是因为人无法事事都自己做，所以需要接受他者的援助与合作。但是，阿德勒并不止于此。他认为人不可以只是一味索取，还要去给予和付出。

这里所讲的"给予"也可以说成是"贡献"。要想做到不只是一味从他人那里索取，自己也愿意去给予和贡献，就必须视他人为同伴而非敌人。正因为视他人为同伴才能愿意为他者贡献，继而也就像前面已经分析过的那样，有了贡献感才能够认为自己有价值。

可是，有的人却感觉他者是敌人，自己"住在敌国之中，总是处于危险之下"。

某个四岁的孩子在剧院观看刚刚上映的童话。即使到了剧目的尾声，这个孩子依然坚信世上有卖毒苹果的女人。很多孩子都无法正确理解某些故事的主题。或者说，他们往往会做一个非常粗略的概括。父母的课题就是耐心讲解事件，直到确定孩子能够正确理解。

阿德勒说，不可以让孩子玩武器玩具或战争游戏，也不可以给孩子看赞美英雄或战争的书。

一般新闻可能会带给尚未做好心理准备的孩子扭曲的人

生观。看了之后，孩子往往会认为我们的社会到处充斥着杀人、犯罪或恶性事件。有关恶性事件的报道会令年幼的孩子特别沮丧。从大人们的发言就能看出他们小时候有多么害怕火灾，这样的恐惧感又是怎样令他们苦恼。

阿德勒这里所说的"一般新闻"是指为大人报道的新闻，此类新闻一般不会考虑到孩子的视角。

一看到近来将孩子们卷入其中的事件报道，我就担心看了这种新闻的孩子们会视他人为敌，认为这个世界很危险。

如果认为外面的世界很危险，就有可能以此为理由不到外面去，也有可能不愿积极地与他人打交道。的确，这个世界并非"玫瑰色的理想世界"，会有种种事故、恶性事件和灾害。为了确保孩子们的安全也必须做好必要预防。尽管如此，也不可以过度制造不安气氛。我们应该帮助孩子们建立正确的心理认知，不要让他们觉得犯罪、事故、灾害就是世界常态。虽然有一些令人痛心的事件，但也要知道还有人在默默守护着孩子们上下学的路途，希望孩子们能将这样的大人视为同伴。

问题并不仅仅在于"我们希望孩子们避开的外界影响"。孩子们视他人为敌、认为这个世界很危险的一大主要原因，就是学校或家庭中大人与孩子的相处方式。

在大人的批评中成长起来的孩子们往往会不重视语言沟通，容易感情用事，学会一些利用武力的简单粗暴的问题解决方式。不得不说，大人有可能会成为反面教材，孩子喜欢使用武力或者轻视生命之类的特点很大程度上是受大人影响。

即便有些过于理想化，但阿德勒依然希望把孩子培养成能够考虑到他人的人，而不是只考虑自己、认为只要自己好就可以。阿德勒的这个愿望今天实现了吗？遗憾的是我们仍然不能干脆地给出肯定回答。

他者贡献

人生就意味着不断对全体做出贡献……人生的意义就在于贡献、关心他人与合作。

阿德勒说，人生意义在于贡献、关心他人与合作，但也有人对此存有异议。有人说人或许首先应该考虑自己，倘若一味考虑他人，为他人利益着想的话，自身利益也许就会受损。阿德勒说，这样的想法是一个极大的错误。

的确，"给予（付出）"是一项非常重要的素质，但也不可以过度。

倘若人真的想要关心他人并为公共目的考虑，首先必须能够照顾好自己。如果给予具有某些意义的话，那就是给予者自身必须具有能够给予别人的东西。

要想给予，首先自己必须拥有能够给予别人的东西。阿德勒并不提倡因为要为他人贡献就不考虑自己或者牺牲自己之类的生活方式，他称那些为了他人而牺牲自己人生的人为"过度适应社会的人"。自我牺牲式的生活方式看起来的确也很高尚很美好，但我们不能劝他人选择这种生活方式。看到有人从车站站台跌落到轨道上时，即便有人只知道吓得两腿发软，什么也做不了，但谁也不能去责备那样的人。

问题是有人将贡献或协作视为自我牺牲行为，从而不去为他人做贡献或者协作。"有的孩子只关心自己，认为外界充满了困难，并视他人为自己的敌人。也有的孩子被教导说'就要只考虑自己'"。这样的孩子们并不想使自己的人生与周围人的人生保持和谐。因为非常在意自己，所以就无法去考虑他人。

这种视他人为敌的人实际上并不是因为他人是敌人才不投入与他人的关系之中。就像前面已经分析过的那样，人在能够感觉到自己对他者有所贡献的时候才能认为自己有价值。并且，人唯有在能够认为自己有价值的时候才会拥有投身人际关系的勇气。可是，视他人为敌的人往往不愿为作为敌人的他者做贡献。因此，由于获得不了贡献感就试图以无法认为自己有价值为理由拒绝投入与他者之间的关系中去。

第五章　共同体感觉——与他人之间的联系

整体的一部分

归属感是人类最大的基本欲求。

阿德勒在维也纳开设的儿童指导中心，常会有孩子和父母来进行心理咨询。这种心理咨询往往会公开进行。在听众面前进行心理咨询，这在阿德勒学派的心理咨询中并不少见。因为阿德勒学派认为，人通过倾听他人的心理咨询，可以注意到其与自身问题的共通性，并能够借此找到解决问题的方法。

但是在当时，公开进行心理咨询这一做法被批判说对孩子和父母有害。实际上，站在很多听众面前的孩子们深受感动，觉得他人与自己产生了共鸣并关心自己。"通过这一切事情，孩子们比之前更想要成为整体的一部分"。

之所以会产生这种感觉，正是因为孩子能够视他者为同伴。从"比之前更想成为整体的一部分"这一表述也能知道，正因为能够感到自己是整体的一部分，孩子才会想要为他者做出贡献。

这种思想有时会被称为极权主义，一使用这个词就会令人产生不好的联想。这源于极权一词的滥用。实际上，这个词的不良意味产生于一党一派支配全体之类的现象。有些本应考虑国家利益的人却只考虑私人利益，但又假装是在考虑整体利益。阿德勒所说的人是整体的一部分，意思与此完全不同。

共同体感觉

阿德勒作为军医参加了第一次世界大战,在兵役期间的休假中,他于熟悉的旅行咖啡馆在朋友们面前首次提出了"共同体感觉"这一观念。

在思考着为什么不能反对作为有组织的杀人和拷问的战争这一问题的时候,阿德勒突然(他的朋友是这么觉得)开始使用"共同体感觉"这个词。

共同体感觉究竟是什么意思呢?我们将通过西彻的分析来对其做进一步了解。西彻引证了亚里士多德的"人是社会性动物"这句话,并说人都与其他人相联系,自己做的事情也与整体有关联,每个人都处在与他人相互合作的关系之中。人无法脱离世界而存在,无论以什么样的形式,都得与世界建立联系。

例如,往池塘里投一个小石子,即使当时激起的波纹很快就消失不见,其影响也会持续下去。人是"整体的一部分",不能脱离世界独自活着。人得接受世界的给予,自己一个人无法获得幸福。为了自己能够获得幸福,必须去考虑整体的幸福。我们必须不断思考自己能够为世界做些什么。

从上面的意义来讲,人生活在整体之中,又会带给整体影响,自己和世界处在相互合作的关系之中,是整体的一部分。西彻将人对这一点的察知称为社会意识(social consciousness）

第五章 共同体感觉——与他人之间的联系

和社会觉醒（social awareness）。这与阿德勒所说的共同体感觉一致。

但是，由于提倡这种共同体感觉，阿德勒失去了很多朋友。基于价值观的想法并非科学，但是声称个体心理学是价值心理学、价值科学的阿德勒说，共同体感觉是"标准化的理想"。之所以需要将共同体感觉视为一种理想，是因为阿德勒绝不是劝导人们去适应社会。

有一次坐电车的时候，邻座的一位青年突然跟我搭话说："您在看什么书啊？"我在电车中即使想知道邻座的人正在看什么书，一般也不会直接去问，因此青年这么问还是让我有些吃惊。那时，我正在读一位精神科医生写的书，在谈了一下那本书之后，他说了这样的话：

"我正因为抑郁症而被建议住院治疗。大人们极力劝我去适应社会，可是那么做就意味着让我去死。我该怎么办呢？"

原来他正在全力抵抗被强行适应社会这件事。个体心理学绝不是社会适应心理学。我在前面也已经引用过普洛克路斯忒斯之床的故事，社会制度是为了个人而存在，而并非相反。的确，为了个人获得救赎，必须拥有共同体感觉，但这并不意味着就像普洛克路斯忒斯的做法一样硬让个人去适应社会这张"床"。

并且，共同体感觉中的共同体是"无法达到的理想"，而绝非既有社会。这里所说的"共同体"是目前自己所属的家庭、学校、工作单位、社会、国家、人类等一切，是指包括了

109

过去、现在、未来的一切人类以及有生命者与无生命者在内的宇宙整体。阿德勒并不是说必须去适应既有社会。

不但如此,有时候我们还必须要对既有的社会观念或常识断然说"不"。在被迫对纳粹表态时,阿德勒学派中很多表示反对纳粹的人在集中营中被杀害,阿德勒学派也曾一度消失。

"social interest"之译

阿德勒在把"共同体感觉"一词的原语 Gemeinschaftsgefühl 译成英语时,将其翻译成了 social interest,这颇具深意。这个共同体感觉中的"共同体"就像前面已经看到的一样,它并非指既有社会。social interest 这一译语的意思并不太强调与共同体之间的联系,而将重点放在对 social 也就是人与人之间的关心(interest)和对他者的关心方面。

"共同体感觉"一词的原语也有被译成 communal sense、social sense 等方式,但据说阿德勒最喜欢的译语还是 social interest。该译语的优点在于"'关心'(interest)比'感情'(feeling)或'感觉'(sense)更接近于'行为'"。这个译语比起作为被动者的个人(reactor),更加强调作为行为者(actor)的个人。

相当于"关心"的英语 interest 在拉丁语中是 inter esse（est 是 esse 的第三人称单数形式），也就是"在此之中或者之间"的意思。"关心"也就是指在对象和自己"之间"（inter）"具有"（est）关联性。当对方的事情并非与自己无关而是有关联性的时候，我们就可以说对那个人抱有关心。

关心并不仅仅指向眼前的人。

阿德勒有一次说："在遥远的国度有孩子被殴打的时候，我们也应该受到谴责。这个世界上没有一件与我们毫无关系的事情。我总是在思考自己能做些什么来让这个世界变得更好。"

对他者的关心

阿德勒讲得非常简单明了。所谓拥有共同体感觉就是关心他人。他再三向只知道关心自己的人说明关心他者的重要性，说必须将 self interest（关心自己）转变成 social interest（关心他人）。

共同体感觉是用来衡量一个人能否认可他者存在、对他者抱有多大程度关心的标准。进一步讲就是具有共同体感觉的人所关心的是自己能够为他者做什么，而不是他者能为自己做什么。并且，具有共同体感觉者不仅是对他人抱有关心，还会想要实际为他人做些自己能做的事情，对他者有所贡献。

有些人认识不到他者的存在，即使认识到他者的存在也觉得世界是围着自己转的。前面讲到的具有神经症式生活方式的人就是这样看待自己与世界之间的关系。

阿德勒说，"固执自我"（ichgebundenheit）是个体心理学的中心批判点。

共情

阿德勒非常重视"共情"。要想理解对方就必须学会换位思考。总是想着"如果是我……"，把自己的观念套在对方身上，就是前面已经分析过的"属性化"，无法正确理解对方。为了理解对方，有必要站在对方的立场与视角去思考问题。做到这种意义上的共情并不容易，但这是共同体感觉的基础。

阿德勒说，可以将"用他人的眼睛去看，用他人的耳朵去听，用他人的心灵去感受"视为共同体感觉的定义。不是用"自己的"而是用"他人的"眼睛、耳朵、心灵去看、去听、去感受，这就是共情，就是共同体感觉。

例如，看到走钢丝的杂技演员快要从绳子上掉下来的时候，看表演的人会感到非常紧张害怕，就好像自己要掉落下来一样。

第五章 共同体感觉——与他人之间的联系

战争

阿德勒说,战争是"为了进步和拯救文化所必须废止的人类最大的灾难"。前面已经看到,阿德勒曾在服兵役期间的休假中谈到共同体感觉,并质问为何不能反对"作为有组织的杀人和拷问的战争"。阿德勒曾被问到自己作为军医参加战争时的印象,他大胆讲述了自己所目睹到的恐怖与痛苦情景,还讲述了奥地利政府为了继续战争而不断制造谎言,强烈谴责政府。阿德勒也正是在这个时候提出了共同体感觉概念的。

如果从前面提到的"共情"角度去思考战争的话,那么战争之所以会持续不断就是因为人们欠缺共情能力或想象力。

在战争中,不断有"这个人"或"那个人"死去。如果能够看到他们的脸,就无法进行战争。据说发射导弹的士兵会接受相关训练,以便不去想起导弹所造成的这个人或者那个人的死亡场面,这就是有意识地消除共情能力或想象力。不直接参加战争的人实际上也避免不了大量流血,但在不断见到遮蔽了血腥气之后的报道中,人的共情能力会被麻痹掉。完全不打算亲自去前线的政治家肯定更不具备共情能力。

阿德勒所说的"作为军医所目睹到的恐怖与痛苦情景"是指他当时在陆军医院工作,他必须判断到那里住院的患者出院后是否能够再次去服兵役。

就像前面已经看到的那样,阿德勒否定心理创伤,但他肯定会在人与人互相厮杀的战场上看到过有人患精神疾病。在分析阿德勒如何看待这种战争神经症之前,我们先来看一看阿德勒认为应该如何治疗一般神经症。

治疗方向

怎么才能治疗神经症呢?治疗者与患者保持良好关系,对患者多加鼓励很重要,但更为根本的是要帮助患者理解自己行为或症状的目的,让其认识到自己的错误。患者必须改善生活方式。

神经症式生活方式具有以下特点:

1. 不愿解决人生课题。
2. 依赖他人。
3. 支配他人。

与此相关联,还有两点:

4. 认为自己没有解决人生课题的能力。
5. 认为他者是敌人。

第五章　共同体感觉——与他人之间的联系

总之，神经症患者往往具有自我中心主义的世界观，只关心自己。他们视他人为敌，但又只关心他人会为自己做些什么。治疗者需要帮助这样的人学会关心他人。这里所说的关心他人，用英语表达为共同体感觉。与育儿或教育一样，治疗无非也是培养共同体感觉。

要想关心他人并能够进一步做一些对他人有益的事情，就必须将他人视为"同伴"而非敌人。这一点前面也已经分析过了。若是能够视他人为同伴，就会愿意为他人贡献。如果能够感觉自己对他人有用，那就会觉得自己有价值。这能够帮助人树立自信，令其觉得自己能够对他人有所贡献且可以解决人生课题。

即便是认为自己从未对他人做过贡献的人，若是体会到自己能对他人有所贡献，那就一定会发生变化。正因为我们认为过去决定不了现在，所以神经症才有可能治愈。

作为理想的共同体感觉

对于主张共同体感觉的阿德勒来说，战争意味着使人和人反目（gegen），与共同体感觉正相反。

我在查阅阿德勒的生平时感到不可思议的是，尽管阿德勒在战场目睹过悲惨的战争现实，但他依然能够提出共同体感觉这一关于人的乐观看法。阿德勒即便看到了战场上人们的种

115

种愚蠢行为，但其似乎也从未动摇过视他人为同伴的主张。

阿德勒认为即使共同体感觉只是一种理想，并没有实际达成，以该理想为目标也非常重要。再怎么去关注杀人或战争等人类的阴暗部分，也无法借此将其消除，因为阴暗并非作为实体而存在。这就是解开阿德勒为何会在战争期间想到共同体感觉思想这一问题的关键。

具有共同体感觉的人往往会参与协作和为他人做贡献。西彻说人天生具有协作意识。虽然西彻这么说，但我并不认为人什么都不做就能够学会协作。阿德勒说，共同体感觉并非与生俱来，而是"必须有意识培养的先天潜能"。即便是潜能，是否具有先天性似乎依然存在疑问。共同体感觉如果是人的先天属性，那也就可以认为什么都不做就会具备共同体感觉，但事实上我们必须有意识地去培养它。

总之，这里要说的是协作才是人的本来状态。西彻说个体心理学"假定人一开始便积极踏向协作之道"。

另外，关于竞争，西彻指出以达尔文所讲的竞争为前提的适者生存思想与作为人生第一法则的协作正相反。

就像达尔文自己也注意到的一样，动物比起单独行动，成群结伴更利于生存。西彻甚至说虽然人既可以协作也可以不协作，但协作是天生的潜能。这也是事实，不协作在本性和生物学方面都行不通。

我希望大家特别去注意一下西彻所说的这一点，那就是，竞争虽是常见之事，但并不正常，作为最激烈竞争的战争并非人之本性,并非因为是常见之事便必须视其为正常。

如此想来,或许也就能明白阿德勒在战争期间提出共同体感觉这一思想根本没有什么不可思议之处了。倘若借用西彻的话来讲,那就是,战争也许是常见之事,但那并非正常状态,也不是人之本性。

阿德勒指出,"万人对万人的战争"(bellum omnium contra omnes)是一种世界观,但其并不具备普遍妥当性。这句话出自英国哲学家托马斯·霍布斯的著作《利维坦》,为人们所熟知。人都具有自我保存欲,往往试图胜过他者,追求自己的权利和幸福。霍布斯称此为"自然状态"。

但是,对阿德勒来说,这种"万人对万人的战争"就像前面看到的一样,即便它是一种世界观,但并不具备普遍妥当性。阿德勒认为协作才是人的本来状态,而非争斗或竞争。阿德勒说,人生是朝向目标的运动,"活着就是不断进步",人应该追求的目标必须导向永恒状态下(sub spece aeternitatis)人类整体的进步。

我在这里看到了阿德勒作为理想主义者的一面。理想主义者并非无视现实,而是在现实基础上努力去超越。不被动地去肯定现实中随处可见的竞争及作为其极端形式的战争,这一点作为阿德勒的基本思想观点值得大书特书。

竞争的最极端形式就是战争,如果阿德勒反对战争的话,就像前面看到的那样,模仿西彻的话说就是,即便协作不是常见之事,但也必须作为正常状态(unusual but normal)被加以肯定。

有观点认为当理想距离现实太远的时候，提出理想就没什么意义。但是，理想原本就应该与现实不一致。正因为阿德勒目睹了战场上的悲惨现实，并且也因为他认为这种思想会带给现实以强烈影响，才会为了避开战争中的悲惨现实而最终产生了作为理想的共同体感觉观念。

事前理论和事后理论

很多现实主义者会斥责理想主义者太过理想化。我们只能生活在现实中，所以现实主义本身并没有错。可是，如果只关注现实，那就会陷入无力感之中。一旦被无力感侵袭，人就不再愿意去改变现实。

现实主义只注重解释现实，无力去改变现状。就像对来进行心理咨询的患者说，其现状是由过去的成长经历所导致一样，仅对现状加以解释什么也不会改变。现实主义往往被称为事后（post rem）理论，而理想主义则被称为事前（ante rem）理论。先树立理想，人才能朝着理想努力。

弗洛伊德也经历了第一次世界大战，但与阿德勒不同，他认为人有攻击本能。倘若事后认定人有攻击本能，那人犯下杀人罪这一现实也会被看作不得已。

第五章 共同体感觉——与他人之间的联系

战争神经症

作为神经症的一种类型，阿德勒谈到了战争神经症。阿德勒认为战争神经症往往发生在原本就具有精神问题的人身上。

阿德勒认为，面对社会义务或者人生课题表现怯懦的人往往容易患神经症。战争神经症也不例外，阿德勒认为"所有类型的"神经症都是弱者的行为。弱者无法让自己去适应"大多数人的想法"，于是便通过神经症这种形式来采取攻击性的态度。如此想来，所有类型的神经症自然也包括战争神经症在内。

阿德勒认为战争是毫无意义的荒诞之举，后来还谴责了发动战争的政府。我并不认为阿德勒那时也抱有同样的想法。神经症患者面对课题时往往想要选择逃避。战争神经症患者所面对的课题是战争。我们是不是应该将课题分为无法逃避的课题与可以逃避的课题（或者说必须逃避的课题）呢？

实际上，阿德勒在战后对共同体感觉被误用一事进行了谴责。阿德勒说，将罪责加于士兵或服兵役的人身上是一种错误行为。

另外，阿德勒还列举了误用共同体感觉的例子。比如，明明战争败局已定，但军队的最高指挥官依然让数千名士兵去送死，等等。指挥官当然会说自己是为了国家利益着想，或许也有人会同意其这种选择，但阿德勒说，"无论其有什么样的理由，我们今天恐怕也无法将他视为正确的同伴"。

神经症患者一旦康复，阿德勒就必须将其再次送上战场。这种做法也许会杀死患者，但阿德勒只能用自己始终要忠实于军医职责这样的想法来"麻醉"自己。某天夜里，阿德勒做了一个这样的梦。

为了某个人不被送到危险的前线，我已经做出了很大努力。在梦中，我时常浮现自己杀了某个人的念头，但是又不知道究竟是杀了谁。于是我便苦苦思索"究竟是杀了谁呢"，精神状态也随之变差。实际上，我已经尽最大努力为那个士兵做了最有利的安排，尽量让其避免死亡。我只能用这样的想法来麻醉自己。梦的目的就是促成这种想法，但当我认识到梦只是一种借口的时候，我就完全不再做类似的梦了。因为倘若基于逻辑（而非梦境）的话，就没有必要为了做什么或者不做什么而欺骗自己了。

不再沉湎于梦境、能够进行逻辑性思考的阿德勒不再把共同体感觉中的"共同体"或者"整体"与现实的共同体混为一谈，能够冷静、准确地判断战争神经症以及战争神经症患者的待遇了。

通常，人都属于多个共同体。倘若现属直接共同体的利害与更大共同体的利害发生了冲突，也许应该优先考虑更大共同体的利害。当必须决定战争神经症士兵的待遇时，如果考虑

第五章　共同体感觉——与他人之间的联系

到超越国家层面的共同体，那也许就不能仅仅因为病愈便将其送回战场了。

如此一来，有时就必须对共同体的要求，也就是这个案例中应该为了国家而战的要求勇敢说"不"了。阿德勒所说的共同体并非现实的共同体，因此，无条件地视服从国家命令为"善"之类的事情与共同体感觉没有任何关系。

阿德勒的朋友、作家菲利斯·博顿在见到阿德勒之前曾想象着其是"苏格拉底一样的天才"。但是实际见面之后，他发现阿德勒只不过是一个普通人，博顿当时对并未说出什么惊人之语的阿德勒深感失望。可当博顿听到阿德勒谈论战争时，他不再认为阿德勒是一位普通人。

我了解了阿德勒关于战争的观点后，不禁想起了苏格拉底的故事。公元前404年，雅典投降，长达二十七年之久的伯罗奔尼撒战争结束。随后，反民主派的三十人政权确立。该政权的主要成员是柏拉图的亲戚，这对于此时二十三岁的柏拉图来说似乎是从政的绝好机会。

但是，该政权以斯巴达的势力为后盾，成了独裁政权。恐怖政治形成，他们将反对派或有此嫌疑的人相继逮捕并处刑。三十人政权将苏格拉底与其他四个人一起传唤过来，命令他们强行带来无罪的里昂并将其处死。此时，苏格拉底是怎么做的呢？其他四个人去萨拉米斯带来了里昂，但苏格拉底拒绝这一不正当的命令，独自返回家去。

柏拉图说："我是通过行动而非语言再一次表明了这件事。

也就是说，我对于死亡——倘若不说得太过粗鲁的话——毫不在意。绝不做不正不义之事，这是我唯一在意的事情。"

三十人政权第二年便被民主派的武力抵抗团摧毁，苏格拉底说，倘若不是该独裁政权很快倒台，自己也许就被杀了。虽然时而会被误解，但苏格拉底不会不加思考地接受国家的命令。

之后，虽然民主政权在雅典复活，苏格拉底却正是被以该民主派权威人物安虞多为后台的梅雷多告发，并最终被判处死刑。曾拼命守护过遭遇亡命厄运的民主派同伴里昂、曾被誉为正义之士的苏格拉底却以国法之名被处死。苏格拉底说"绝不做不正不义之事"时的正义并不等同于国家的正义，他并没有说遵守自己所属国家的法律重于一切。

就像阿德勒不再认为患有战争神经症的士兵是为了逃避战争这一课题才发病一样，我们也不能将那些苦于不正当职权骚扰，或者因为核电站事故而被迫离开长年生活着的故乡并因此罹患心病的人，视为想要逃避课题的弱者。阿德勒若是生活在当今时代，可能也会像拼命守护里昂的苏格拉底一样与不正之风勇敢作战吧。

共鸣

就像本章已经分析过的那样，他人与自己一样拥有自由

第五章 共同体感觉——与他人之间的联系

意志，所以无法用武力去支配。但也不需要舍掉自我去迎合他人。自己和他人并非毫无关系，离开与他人之间的关系人就无法生存。能不能既不支配人也不受人支配，在保持自我的同时与他人和谐相处呢？

有些事情是无法强迫他人的，比如爱和尊敬。谁都无法强迫他人爱自己、尊敬自己。自己可以做一些值得被他人爱和尊敬的事情，除此以外别无他法。就像前面已经看到的那样，他人如何看自己，那不是自己的课题，而是他人的课题，所以我们无法强迫别人爱自己、尊重自己。倘若不能用强迫之类的形式与他人相处，那又应该如何与他人相处呢？

森有正说："里尔克的名字引起了我内心深处的共鸣，让我清楚地知道了自己真正希望的是什么，自己又究竟离其有多远。"

这里需要注意的是森有正将里尔克对自己的影响称为"共鸣"。也就说，不是支配、被支配的关系，而是两个人在完全独立的前提下互相引起对方心中的共鸣。

下文中会谈到赋予勇气（鼓励），它并不是像其字面意思一样给予他人勇气。阿德勒说勇气只能从有勇气的人身上学到。有勇气的人会引起他人的共鸣。这就是阿德勒所说的"勇气会传染"的意思。

平等关系

与他人之间可能产生共鸣的关系是一种平等的横向关系。阿德勒说人们往往很难感受到大家完全平等。

当今依然很难让人们不去在意服务者与支配者之分，感到完全平等。不过，拥有这样的想法就已经是一种进步了。

悲哀的是现在依然如阿德勒所言，"人们很难感到完全平等"，但也的确是"拥有这样的想法就已经是一种进步了"。

男性和女性的共生必须是不需要一方服从另一方的同伴关系、劳动共同体。即便这在目前仍然只是一种理想，但它至少可以成为一种检验标准，让我们知道人类文明取得了多大程度的进步，或者还有什么差距与不足。

阿德勒很早就指出了平等人际关系的重要性。今天或许人人都认为男女平等是理所当然之事，可即便如此，似乎还是有很多人在意识上依然觉得男性优于女性。即使这些人不明说男女不平等，也能从他们的言行中看出其认同这一点。同时，很少有人认为大人和孩子是平等关系。职场上也有很多人认为上司比部下地位高。其实无论在任何场合，人们只是各自知识、经验、担负的责任不同而已，大家作为人都是平等的。平等观念不仅要明白其真正之意，更要内化为一种意识。若非如此，阿德勒所讲的一切都会无效，而且还可能会有害。对此，阿德勒说：

要想在一起和睦相处就必须互相平等以待。
我们必须把孩子们当作朋友和平等的人来对待。

虽然阿德勒说，"目前仍然只是一种理想"，但不管现实如何，若阿德勒所说的平等理念或理想是正确的，那就需要我们在日常生活中努力去构建这种平等关系。

想要支配他人者自然是有问题的，同时，我们也不可以任由他人支配自己，更不能卑躬屈膝地主动服从支配者。阿德勒说，"有的人动不动就会去感谢他人，并不断为自己活在世上找理由"。读了阿德勒"有的人不断为自己活在世上找理由"这句话，我想起了太宰治在《二十世纪的旗手》中的一句话——"生而为人，我很抱歉"。任何人都不是为了达成什么才生下来的，活在当下本身就很有价值。我们不必为自己活着找任何理由。

第六章

Chapter 6

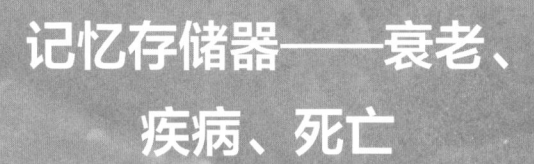

记忆存储器——衰老、疾病、死亡

第六章　记忆存储器——衰老、疾病、死亡

　　人终有一死，这是谁都知道的，但还是有很多人活得很坦然，看上去毫不在意死亡。本章就先从往往会先于死亡到来的衰老和疾病开始，探讨一下如何才能正确思考这些问题，不把它们当作忌讳和阴暗之事。

人不会长生

　　我上小学的时候，祖母、祖父、弟弟相继去世。之后，我强烈意识到了之前完全没有意识到的死亡问题。倘若现在有意识、能思考或者感受，可一旦死去便全都归于虚无的话，那活着的时候再怎么努力、做多少好事，又有什么意义呢？会不会连自己曾经在这个世上活过都不知道了呢？既然如此，人活着还有什么意义呢？若是有，那活着的意义又是什么呢？那时候尚且无力思考这些问题的我就那样陷入了思考的困境。

人人都难逃衰老

人在年轻的时候往往很难想象到衰老是怎么回事。某日突然意识到自己原本以为他们会永远年轻的父母已经老了。这时候,即使理性上知道自己将来也会跟父母一样老去,但也无法真实体会到。因为人不是在一两天之内瞬间老去的。

即便是年轻人,一旦生病,就会体会到一种急剧老化的感觉,但作为行动能力等的丧失感所呈现出的病时衰老很多情况下都是暂时性的,一旦病愈就会消失。但是,普通意义上的衰老具有不可逆性。即使自己认为自己永远年轻,但一些衰老现象也会逐渐出现,比如,牙口不好,眼睛难以看清小字,等等。一旦经历这些事情,就不得不意识到自己已经开始衰老了。除了这些身体上的衰老,越来越健忘之类的事情也会给生活带来妨碍。

价值问题

不过,即便是身体或者智力上的衰老会给生活带来妨碍,衰老本身可能也并不会成为那么大的问题。真正的问题是因为衰老而认为自己的价值会降低。

第六章　记忆存储器——衰老、疾病、死亡

在认为职责高低就代表人的价值高低的社会，很多人一旦退休离开工作岗位，就会每天在失意中度过。正如阿德勒所言，这是因为工作价值在评价人的时候几乎起决定作用。

认为工作才能证明自己价值的人一旦离开工作就会感觉自己似乎已经不再被需要了，继而就会走入两个极端：一种是对孩子的话言听计从，另一种是事事挑剔批判。

归属感是人的基本欲求，但人并不仅仅属于长年工作的公司之类的组织，可有的人一旦离开工作单位就会产生一种巨大的无所归属的不安。城山三郎认为，能够将这种"无所归属的时间"视为"可以活出自我，获得更大成长的时间"也许并不简单。

有的人习惯用能够做什么或者不能做什么之类的生产能力去衡量人的价值，总是认为唯有生产能力才有价值。这样的人一旦因为衰老而丧失很多能力，就会无法接受现实。

一旦身体衰老，随着年龄增长会越来越健忘，生活就会遇到许多不便。如此一来，有的人就会过低评价自己，并产生强烈的自卑感。自卑感本来是一种己不如人的主观感觉，但问题是老化并不能说是一种主观感觉。

阿德勒说那些只从年轻和美丽角度认可自己价值的女性一旦进入更年期，也会"费尽心思引人注目，还常常会就像是自己受到不公平待遇一样采取充满敌意的防卫态度，整日闷闷不乐，甚至还会发展为抑郁症"。

向阳而生的勇气

衰老并非不幸的原因

倘若人人都会随着衰老而认为自己丧失了价值，继而陷入不幸，那或许可以说衰老是不幸的原因，但实际上有的人即使老了也没有显得格外不幸。不仅如此，也有很多人老了之后反而更加精神矍铄，每天都活得非常开心。

很多人担心身体迅速衰弱或者心神不宁会是行将消亡的征兆。

下文中我们会进一步考察死亡是怎么回事，但如何面对不可避免的衰老、疾病、死亡，这会因生活方式的不同而有所不同。

虽然年轻人也会生病，可一旦老了就更容易生病，而且还可能是一些致命的病，所以，衰老与疾病或死亡问题也密切相关。一个人对这几个问题的处理方式往往具有一致性。处理方式虽然因人而异，但同一个人会用相同的方式去处理这几个问题。

第六章　记忆存储器——衰老、疾病、死亡

获得贡献感

老了之后怎样才能认为自己依然有价值，不因为不再年轻、无法像以前那样去干工作或者姿色衰减而哀伤悲叹呢？

阿德勒说，"就连六七十岁或者八十岁的人，也不可以劝其辞掉工作"。如果是在阿德勒生活的时代，这看上去也许是一种新思想，但倘若放在今天，它可能也称不上是什么新奇想法。

阿德勒说老人身边的人一定不要剥夺老人的工作机会，即便身边的人没有注意到这一点，老人为了能够感觉自己还有价值，也不要整日感叹失去的青春，而要以某种形式继续做贡献，以此来克服老年危机。

但是，老年人没有必要为了让周围的人觉得自己的价值依然和年轻时一样而拼命表现。认为必须要证明什么的时候就已经用力过度了。要想感觉自己有价值就需要贡献感，但就像前面已经看到的那样，贡献也未必就一定得做些什么样的贡献。即使年轻时能做的事情现在已经做不了了，即使无法通过具体行为为他人做贡献，自己的价值也丝毫不会有所减损。

西塞罗曾说："我现在并不想要青年的体力，这就如同我年轻时也并不想要牛或大象那样的力气一样。用好现有的东西，并且做什么都量力而行就可以了。"

这令我想起了阿德勒说过的一句话：重要的不是被给予

了什么，而是如何去利用被给予的东西。

生病的时候也会遇到与年老的时候一样的事情。即使身体无法活动，全都要靠周围人的照顾，那也要有勇气认为自己有价值。

接受疾病

生病并不只限于老年。任何时候，人都有可能会生病，年轻人也会生病。如果确实得病了，那就不用说了，即便是疑心自己会生病的想法也会剥夺人们的生存喜悦。那么，生病究竟是怎么回事呢？

对此，荷兰精神病理学者范登·贝尔克说："有些实际上很健康的人往往会觉得自己的身体十分脆弱。这会产生一种反应能力，即'责任'（responsibility），但这种反应能力绝非理所当然之事。"

这里需要说明一下"反应能力"后面写到的"责任"。两者的原语都是 responsibility，其意思为"应答能力"。在坏掉的花瓶面前问，"这是谁弄坏的"，有人回答"是我弄坏的"，他就要对打坏花瓶这件事负责，而不应答的人则是无责任（也就是无应答）的人。

现在要讲的是来自身体的呼唤。即便身体发出了呼唤，

第六章　记忆存储器——衰老、疾病、死亡

害怕对其做出应答的人也会故意视而不见。倾听并遵从来自身体的呼唤，这就是接受疾病。

没有一辈子都不生病的人，即使那些认为自己与疾病无缘的人也一样。有时候，他们往往察觉不到自己已经被疾病侵染，或者即便察觉到了也不愿承认那是大病的前兆，结果，某天就突然病倒了。

正因为如此，他们看似是某天突然病倒了，但实际上是在那之前并没有认真倾听身体发出的呼声。我母亲四十九岁时因脑梗死去世，并非没有前兆症状。尽管那时她每个月都会出现一次伴有呕吐的剧烈头痛，但她仍然坚持说是更年期障碍，一直拒绝接受诊断。

我五十岁时曾因心肌梗死病倒。病倒之前，步行去车站都要花成倍于平时的时间。这已经是明显异常了，但那时我还是认为自己可能是因为运动不足而体力衰退。在因为心肌梗死病倒的时候，我才知道那是一种错误的解释，是对身体不适的错误定义。为了不去面对生病这一现实，就将身体的呼唤偷换为无害的解释。

前文已经分析过了，当感觉有人在看自己而举目望去，结果发现的确有人在看自己的时候，因为对方先看着自己，所以二人才会目光相接。同样，即使能够回应身体的呼声，往往也已经是迟后一步了。所以，虽然没有必要因为未能及时察觉到生病而责备自己，但还是要尽可能地早一些发现。倒也没必要过度敏感或者强迫症式地过分谨慎，但不管平时多么健康，

都要时常意识到自己有可能会生病。认真倾听身体的声音就有可能尽早发现异常。

从疾病中恢复

虽然因为心肌梗死病倒了,但我幸运地捡回一条命。有一天,护士对我说:"也有人获救之后就又不注意了。您还年轻,请一定好好休养,重新振作起来!"

若是"获救"之后就觉得可以高枕无忧了,那一旦脱离危险就会重新恢复原来的生活方式。即使经历了九死一生,有的人也不会从中学到任何东西。

康复并不是回到与生病前完全一样的健康状态,因为生病之前可能也并不健康,而且还有一些疾病出现后,即使想要回到从前的健康状态也回不去。我们并不认为生病本身有意义,也没有人是因为想要生病才生病。即便是生病有什么意义,那也只有生病者本人可以那么说,生病者本人之外的其他人是不可以这说的,因为没有任何语言能够真正安慰到身陷病痛之中的人,其他的人绝不可以对生病者说什么生病有意义之类的话。在这个基础上,我们继续来思考一下从疾病中恢复是怎么回事,又能从生病的经历中学到些什么。

第六章　记忆存储器——衰老、疾病、死亡

与身体之间的新关系

虽然因心肌梗死病倒了，但捡回一命的我接下来就迎来了心脏复健。所谓心脏复健就是由于身体一下子开始活动的话心脏血管壁有可能会破裂，所以要慢慢恢复运动，一点点地逐渐延长步行距离，最终恢复到不仅能"平地步行"，还能上下台阶之类的运动。

但心脏复健并不仅仅意味着心脏机能的康复训练。复健一词的拉丁语原意更多的不是"复原"，而是再次赋予能力。

问题是那种能力是什么。倘若复健仅仅是为了恢复身体机能，如果没有康复希望那就会中止康复训练。可是，即使难以恢复肉眼可见的身体机能，也没有理由中止康复训练。

因脑梗死病倒的免疫学家多田富雄说，有一天他脑海中突然闪现出一个想法，手脚麻痹是由于脑神经细胞死亡所致，所以绝对无法复原。若是机能恢复，那不是神经恢复到与原来一样，而是被重新造出了新的细胞。多田说这是另一个新的自己的诞生。现在虽然他孱弱而笨重，但蕴藏着无限潜力的新人正在多田身体里萌生。那是一个被束缚着的沉默的巨人。一个新人即将诞生。虽然原来的自己不会回来，但新的生命正在自己身体里慢慢降生，多田为此感到喜悦。

生病之后会失去很多东西。不过，难以康复的时候也能创造出这种新的生命。所以每天都要努力训练，不要让觉醒的

新人再次沉睡。

同伴的存在

　　正是在生病的时候，我注意到了没有生病经历或许不会注意到的"同伴"的存在。当时，我正在两个学校讲课。一将生病住院的事情告诉对方，一个学校立即解雇了我，或许它们是没法等待不知道什么时候才会康复的我复职吧。而当我与另一个学校联系的时候，对方却说："任何条件都可以，请您务必尽快康复回来上课！"那时我尚且不知道自己究竟会怎样，但还是想再次站到讲台上去。

　　得知我住院之后，很多朋友都来看望。虽然我为让大家远道而来探望感到抱歉，但还是觉得活着真好。妻子每天都到医院来照顾我。原本我是不赞同有人说生病也有意义的，生病还会有什么好处？我之所以改变自己原来的想法，是因为意识到有这么多人期待我早日康复。

病人的他者贡献

即便如此,我还是一直觉得自己给很多人添了麻烦。

不过,有一天我突然产生了这样的想法:若是站在相反的立场上,得知朋友住院我可能会即刻去医院探望,也根本不会认为这是一种麻烦。去探望病人时如果对方流露出受到打扰的意思,那也许会迅速离开,但去不去探望是由探望者决定的,而不是由住院的病人决定的。

并且我还意识到,即使因为生病什么都做不了,也能通过活着本身做贡献。就探望者的立场而言,无论病人处于什么状态,只要知道其还活着就会非常高兴。没有想到竟然有那么多人因为我捡回一条命而感到高兴,即使什么都做不了,也有人能够接受那样的我。知道这一点之后,我就明白了人的价值不在于行为,而在于存在本身。

当时还是高中生的女儿每天代替母亲做晚饭。不管是因为什么样的契机,若是能够通过做晚饭获得贡献感的话,或许也能说我帮助女儿获得了贡献感吧。当然,我对这样的思维方式是有所抵触的,但它能够帮助我摆脱起初认为只是给别人添麻烦的想法。

我病倒之前,独自生活的父亲经常给我打电话。父亲总是诉说其身体如何如何不舒服,说话时的声音也经常是有气无力的。可是,在我生病之后,父亲的声音一下子变得有力起来。一年后,我做了冠状动脉搭桥手术。出院日期定好之后,父亲提出开车去接我。虽然我最终婉拒了父亲的提议,但现在想起来,父亲当时之所以就像忘记了自己的病情一样精神抖擞,或许就是因为感觉自己能够对生病的孩子有所贡献。

不久,我就将注意力转向了自己的病情,不怎么考虑父亲的事情了。父亲也发生了很大变化,以前他经常因为自己的病情打电话过来,但在我生病后就很少联系了,这或许是因为考虑到我的病情而不再总是打电话了吧。过了一段时间之后,我注意到父亲的痴呆症进一步发展了,那已经是在我自己手术后一年左右的时候了。

我生病不是仅给父亲带来担心,或许也可以说,我生病还激发了父亲的生存意念。即使病人做不了任何实际事情,如果与病人接触的人能够通过某种形式获得贡献感,那就可以说病人做出了十二分的贡献。

无时间之岸

范登·贝尔克说:"所有的事情都会随着时间运转,但患者会被拍打到无时间之岸。"

一旦生病,明天就不再是今天的自然延伸。必须取消所有的计划,甚至无法知道明天会怎样。所以,患者不可能因

第六章 记忆存储器——衰老、疾病、死亡

为前来探望的客人"不容分说地一味强调早日康复"而感到高兴。前来探望的人当然没有恶意,但大家往往都会说一些"快点好起来吧"之类的话。

病人往往能够看清生病之前看不清的事情。范登·贝尔克说:"对人生误解最厉害的是谁呢?或许是那些健康的人们吧。"

人在生病之初,或许会非常消极,认为自己可能都等不到明天的到来。不过,也有一些患者能够看清那些包括医疗人员在内的其他人都看不清的事情。其实,健康的人也有可能迎不来明天,但大家往往认为明天一定会如期而至。如此一来,健康的人才对人生有所误解。

不一定能等来明天的并不仅仅是患者,这对谁都一样。认为明天理所当然会到来的想法崩塌,这有其积极的一面。人一旦生病就会改变对时间的看法。

如果不去等待明天,人就会变得更加强大。患有不治之症的人或者老人有时会着手做一些旁人看来此生似乎很难实现的事情,囿于常识的人往往会试图劝阻这种看似鲁莽、欠考虑的行为。不过,我们要去关注一下病人或老人为什么要做那样的事情。对他们来说,重要的是着手去做,完成什么或者实现什么并非最终目标。关于这一点,我们将在最后一章进行考察。

好好活着

余生时间之长短并不会改变人的生活方式。心肌梗死之类的疾病从发病到死亡往往都非常快（当然，它们也是可能治愈的疾病），若是某种程度上能够预测死亡时期的疾病，或许就能够利用剩下的时间做一些自己最想做的事情。不过，无论是否得知自己患了可能致命的疾病，我们都不应该去拖延那些真正重要的事情。

关于死亡下文会详加考察，此处如果稍加概括的话，那就是：我想要一种丝毫不在意死亡究竟是什么，或者余生是长是短之类事情的生活方式。

苏格拉底说，"必须去考虑怎样才能最大化地过好今后的日子"。这与苏格拉底的下面这句话形成了呼应："重要的不是活着，而是好好活着。"

阿德勒也说，"人生有限，但足以活出价值"。如果仅仅是活得长久，那还称不上是有价值。仅仅是长寿本身并不能令人生过得有价值。

初次意识到死亡的时候

人生在世无法回避的就是死亡问题。在生活中几乎意识不到死亡问题的人也会在生病的时候意识到死亡。因为，无论什么病，都不能断言完全没有致死的可能性。即便是不生病也有可能遭遇事故或灾害，人终有一死的事实也势必会对人的生活方式产生影响。

活着的时候，有时会目睹他人的死亡。但是，那终究是作为第三人称的死亡，而不是自己的死亡（第一人称的死亡）。因此，虽然知道人终有一死，但或许心中还是隐隐存在一丝侥幸，认为唯独自己不会死吧。

对死亡究竟是什么这一问题的应对方法之一，就是不要试图去回答它，不要去思考那些没有答案或者难以回答的问题。不过曾经有一段时间，即使不愿去想死亡是什么，这个问题依然深深困扰着我。

前文写到我小学的时候，祖母、祖父、弟弟相继去世。为此，我闷闷不乐，什么也不想做，终日无精打采。并且我不禁疑惑，周围的大人们为什么能像死亡根本不存在一样谈笑风生、从容生活。

阿德勒在报告中说很多医疗工作者小时候都切身体会过死亡或疾病。我有很长一段时间都被死亡问题困扰，终日冥思苦想不得其解，但后来我慢慢从中解脱出来，开始探寻能够教给我死亡是什么的学问。最初,我以为那是医学,过了好长时间才明白,能够教给我什么是死亡的是哲学。

作为生之一部分的死

希腊哲学家伊壁鸠鲁说:"死亡常常被认为是诸种坏事中最恐怖的事,但实际上它对我们来说什么都不是。因为,只要我们存在这个世上,死就不实际存在。而当死亡真实存在的时候,我们就已经不复存在了。"

就像前面也已经看到的那样,我们能够目睹他人的死亡,却无法像目睹他人之死那样去经历"自己的"死亡。自己在死了之后才会体验"自己的"死,在活着的时候,死亡其实并不存在。生和死并不相容。

可是,尽管如此,人们还是认为死亡很可怕,这是因为人们会预想到死亡。活着的时候无法经历死亡,但如果看到他人之死,那就势必会意识到自己将来也会死去。

并且,谁都不知道死亡究竟是怎么回事。虽然有人说自己有过濒死体验,但濒死即便是极其接近死亡,也并非死亡本身。倘若有实际经历过死亡的人告诉大家死亡一点儿都不可怕,那也许我们就不再惧怕死亡了,但现实并非如此。

并且,即便理智上明白死亡不可避免,但还是会莫名觉得只有自己不会死。即使身负致命重伤,也依然会抱有生之希望,觉得自己一定还会获救,绝对不会死去。因心肌梗死被送到医院的我认为死亡是一种孤寂,即使在那种情况下我肯定也对生抱有一缕渴望。

就像下文将会分析到的一样,生和死存在绝对性的差异,但同时,死又是生的一部分。因为不可能存在没有死的生,也不会有从未思考过死的生。

不安的意义

很多人一想到死亡,内心就会充满不安,但有时候其实是将这种不安或恐惧当作回避人生课题的借口和理由。有人会说若是这样还不如死了好。也有人会更加茫然地说活得很辛苦,已经厌倦了活着。这么说的人究竟是什么目的,或许非常明显。

对此,阿德勒说:"颇为有趣的是,这些人总是喜欢思虑过去或死亡,以此来验证自己的悲观解释。过去和死亡具有大致相同的作用。思虑过去是一种'压制'自我的隐蔽手段,所以它深受那些试图回避人生课题者的喜爱。惧怕死亡或疾病是那些什么工作都不想做的人时常为自己找的借口。他们往往会强调一切皆为虚幻、人生太过短暂或者人生无常。"

像这样,惧怕死亡或疾病就成了"什么工作都不做的借口"。那些认为完成课题太困难并且害怕失败会伤自尊或失去威信的人往往会逃避课题,而因为失败受到太大打击,有的人甚至会想要选择自杀。

不过,阿德勒分析说,这种情况下,那些人所期望的其实并非死亡,而是放弃了自己所面对的课题。他还将这种为逃避人生课题所搬出的借口称为"人生谎言"。

我很想去帮助那些勇气受挫、认为自己无力面对人生课题的人。但实际上,我们很难有办法帮到那些开始产生寻死念头的人。阿德勒经常说"预防重于治疗",我们必须想办法帮助他们在开始萌生寻死念头前认为自己有价值,并据此获得直面课题的勇气。

如前所见,即便是为了逃避课题而产生的死亡问题得到了解决,人终究会死这一事实也无法改变。从未有过长生不死之人。这在某种意义上也可以说是一种救赎。因为,倘若是其他人都不会死,唯独自己会死,那或许就很可怕了,但事实上谁都毫无例外地终究会死去。

尽管如此,若是仍然认为死亡非常可怕,始终无法摆脱对死亡的恐惧,那这种恐惧就属于人所固有的问题。

第六章 记忆存储器——衰老、疾病、死亡

不要将死亡无效化

为了逃避对死亡的恐惧，人有时会将死亡无效化，认为死亡只不过是由此世向另一个世界转移，其实并不会真正死去。也有人认为虽然与现在的形态有所不同，但人死后并不会归于虚无，而会以某种形式继续存在。

父母已经去世的我并非不能理解这种想法。如果可以，我们都想再见到故去的亲人。无论死亡是什么，它都是一种别离，既然如此，没有人会不为此感到悲伤。若是非正常死亡，那失去心爱之人的悲伤肯定就更加难以承受。

但是，我并不认为可以通过将死亡无效化来治愈悲伤。即便是能够对死亡做出某种合理解释并借助这种解释尽早从悲伤中走出来，死亡也依然是与已故者的分离，所以势必会令人悲痛。过度压制这种悲伤，有时候反而会陷入一种病态的悲叹之中，感情也会随之变得麻木、迟钝，甚至会产生一些类似于创伤后应激障碍之类的症状。

我不会对失去家人的人说"死亡并不是什么值得悲伤的事情，要为了故去者好好活着、尽快振作起来"之类的话。我想说的是，死亡令人悲伤，但还是要重新振作起来。虽然悲伤，但活着的人还是得继续活下去。我们永远不能被悲伤压垮。倘若故去者能够以某种方式了解到生者的状况，他们或许也不愿意看到活着的家人整日沉浸在悲叹之中吧。

不可抗力的存在

我通常不会对带着某种问题来进行心理咨询的人说"不是你的错"之类的话。因为如果那么说,咨询者或许会感到安心,却解决不了任何问题。

不过,诸如发生灾害时无法拯救家人之类的情况下,只能承认人的无能为力。并不是说自然灾害引起的人类死亡就毫无办法,我倒也不认为人能那么洒脱。

我在照顾父亲的时候一心想着绝对不能让父亲受摔倒之类的伤痛,可虽然我已经万分小心了,父亲还是在夜里摔倒造成腰椎骨折。很长一段时间我都对这件事耿耿于怀,纠结于自己已经那么小心了可还是没有避免父亲摔倒受伤。有些时候,我们需要认识到不可抗力的存在,不要过度责备自己。

对于他人来说的死亡

我们无法知道死亡对于死者本人来说究竟意味着什么。这一点后文中再详加分析,此处先来思考一下死亡对于他人来说意味着什么。

胎儿的存在与是否满足判定人的标准(是否有自我意识

第六章 记忆存储器——衰老、疾病、死亡

之类）无关，一旦母亲感觉到了胎动，或者即便还没有感觉到胎动但已经被医生告知怀孕的事实，胎儿便不再是"东西"，而是人了。

人的死亡也是一样的道理。去世者的灵魂是否消亡或者自我意识是否消失，这些对于活着的人来说并不重要。对于死者的家人来说，无论死亡是什么，死去的亲人都永远活着，或者说已故者永远活在亲人的心中。

如此想来，只要还有一个人记着已故者，就可以认为对那个人来说，已故者并没有死亡。不过，即便我们希望自己不被忘记，也并不知道自己实际上是否会被永远记住。

虽然有人会说自己永远不会忘记已故者，实际上也很难做到。我们不能永远沉浸在悲伤之中，必须回归日常生活。有一天，我们会突然发现自己已经完全不去想已故者了，也不再梦到已故者。

就像病人一旦康复周围人对其倾注的关心就会相对减少一样，永远不忘记已故者实际上也很难做到。我们没有必要责备忘记已故者的自己太过薄情。

重松清的小说《在那天之前》中写了一个故事，说的是丈夫读患癌去世的妻子临终前写的信。妻子将信交付给了护士，丈夫在妻子死后从护士那里拿到了那封信。他用裁纸刀打开信封一看，里面放着一张信纸，上面只写了一句话：

"忘记我也可以哦！"

作为生之一部分的死

死并非与生截然隔离的特别之事。它是怎么也躲不过的,在这个意义上来讲,死和其他人生课题基本上也都一样。它的确比其他课题沉重,但我们也无法用与面对其他人生课题不同的态度去面对死亡课题。

倘若在死亡逼近之时必须改变之前的生活方式,那就可以说之前的生活方式有问题。

如果是一个在之前的人生中并不期待获得赞美与认可的人,那即使没有所谓的来世或者转世因果,他或许也不会感到失望。但若是一直认为理应获得赞美或认可的人,可能就会期待自己死后因为生前善行而被赞美、被认可。

就像被批评的孩子即使停止问题行为也可能只是因为害怕一样,一直害怕被批评和惩罚的人或许总是担心自己现世犯的过错在死后也会遭到惩罚。

死亡可怕吗

很多人害怕死亡,但死亡未必可怕。就像不能对他人加以属性化一样,我们也不能用既有认知对死亡加以属性化。死亡超出了所有理解（包含）。正如这个世界上的他者并非全都是可怕之人一样，认为死亡一定很可怕也是一种极端言论。惧怕死亡其实就等于什么都不知道却自以为知道。

前文中已经讲到，伊壁鸠鲁说死亡并不可怕，因为在我们死之前，死亡并不存在，而当我们死了的时候，我们便不再存在。不过，与伊壁鸠鲁所言不同，我认为死亡肯定存在于生之中。死亡对于惧怕它的人来说就作为一种预期焦虑存在于生之中。这并非死亡本身。像伊壁鸠鲁那样去思考死亡其实就像孩子看到可怕事物便想要闭上眼睛不去面对一样。即使闭上眼睛，可怕的事物也不会消失。

柏拉图认为："死亡或许是一切善之中最大的善。"

高山文彦也认为，"那个世界似乎是一个好地方，因为去了那里的人没有一个回来的"。

读了小说的这一段，我感到很惊讶，竟然还可以这么思考问题。

要对自己说：他人已经做到的事情，自己也一定能够做到！

我时常将圣·埃克苏佩里的这句话介绍给参加日本国考的护理专业学生，这个道理或许也适用于死亡。

内山章子在《嫂子鹤见和子的病床日记》中写道："人终究会死。谁都逃不掉。既然如此，那就坦然接受吧。这就是我嫂子的思想。"

内山与哥哥鹤见俊辅有这样一段对话：

"哥哥，当时嫂子说'死还挺有意思的。这还是第一次去经历呢'，哥哥你则说'是啊，人生可真是不可思议'。说完，你们两个人就大笑起来。"

我还没有经历过自己的死亡。不过，既然它是自古以来人人都一定要经历的事情，那么虽然还没有经历，但将其放在人生的最后去经历或许反而更好，因为这样就不必太过害怕了。患心肌梗死以来，我花了好长时间才悟透这个道理。

可是，若当心肌梗死再次发作时，我也实在不敢确定自己是否能够保持冷静。鹤见说，"谁都逃不掉。既然如此，那就坦然接受吧"，但不得不说，懂得道理与实际执行之间还存在着很大的距离。

无论死亡是什么

总之，虽然我们不知道死亡是什么，但也不可以让它影响自己现在的生活状态。

对于与恋人度过了一段充实时光的人来说，下次什么时候见面就不再那么重要。待在一起很长时间却过得并不满足的人才会更加期待下一次相见，所以才要在分别之前想方设法约定下一次见面。

可是，人只是"当下"能够相见，谁都不知道是否能够再见。现在能够见面并不意味着下一次还能够见面。同样，如果当下的人生过得很满足，那在生之后等着人的死究竟是什么就不再重要了。

一想到年纪轻轻就去世的母亲，我就会想她那忘我地为孩子付出的一生是否值得。有一天，我读到了卡尔·希尔蒂的这段话：

就我们看来，世上之所以有不受惩罚之事或许就是要将这个推论正当化，那就是——并非世上的一切都会被细细清算，肯定还会有接下来的生活。

但是，我无法赞同希尔蒂的观点，倘若此世的恶人得不到惩罚，善人得不到回报，那恰恰证明还有来世。寄希望于无法证明的事情，如果不具备强大的信仰是很难做到的。

还是要活下去

死亡无论是什么都不重要。唯一确定的是死亡是一种离别。至少我们此生无法再见到去世的人。

不知道自己死后是否还能再见到先我们而去的亲人，但我们也不能因为只要活着就无法相见便为了去见死者而选择自杀。因为，虽说生的终点便是死，但生者的课题是活着，生才是生者必须重视的课题，不能优先考虑死而置生于不顾。

不死的一种形式

即便无法知道死亡是什么，但我们也有能做之事。

那就是尽力植树、造福后人。古罗马哲学家、政治家西塞罗引用了阿提库斯的"尽力植树、造福后人"这句话。这里所说的植树是一种比喻。即便现在播下种子，也未必能够看到其结出果实。但即使看不到结果，造福后世也可以将人引向"不死"。

对此，阿德勒说："（人生）最后的考验是对年老与死亡的恐惧。坚信自己可以通过养育后代或者对文化发展做出贡献而实现'不死'的人就不会害怕年老与死亡。"

阿德勒在其他地方还说人的时间有限，人生的最后肯定是死亡，但可以令那些不愿从共同体中完全消失的人获得永生的途径就是为整体的幸福做贡献。并且，他还列举了孩子与工作来当例证。

内村鉴三说，在谁都可以留给后世遗产这一意义上来讲,"最大"的遗产不是金钱、事业、思想,而是留给后世一种生活方式。并且他还说,这种最大的遗产就是"勇敢而高尚的一生"。

比起自己"不死",为后世留下宝贵的"生活方式"更为重要。即使没有留下任何有形之物,后世之人想起某个人的时候就能够理解那个人一生所要传达的信念,这正是我们所讲的不忘故人的意思。

正因为不惧怕死亡才能够尽力为后世留下些什么。深陷死亡恐惧的人或许无法从容思考自己死后的事情吧。这与其说是因为惧怕死亡,倒不如说是他们的生活方式本身就是以自我为中心式的。

第七章
Chapter 7

克服生存倦怠

前文中讲到自己现在的生活方式是由自己选定的,并且,若是由自己选定,那今后如何生活也可以由自己决定。为此,我们首先需要摆脱之前对人生、世界以及自己的看法,本章就结合之前所讲内容具体谈一谈如何克服生存倦怠。

自我反思

听到有人对自己说"不是你的错"之类的宽慰话,我们或许能够感到很轻松。我曾经读到某位咨询师的一本书,书中写到,将一些问题归咎于他人即可,并且说之前因为不会归咎于他人所以才过得很辛苦。

但是这根本解决不了实质问题,因为即便从他人、过去或者自己之前的成长经历中去寻找现在生活痛苦的原因,那也没有意义,这么做主要是推卸自己的责任。

多看优点

前文中已经分析过，阿德勒说，"唯有在能够感觉自己有价值的时候才能获得勇气"。

这里所说的勇气是直面并参与人际关系的勇气。赤面恐惧症实际上就是为了逃避人际关系，所以仅消除症状并不能治愈它，必须帮助患者能够感觉自己有价值。不过，很多人从小时候起就一直认为自己没有价值，所以他们往往能够迅速说出自己的缺点或不足，却无法列举出自己的优点。

因此，必须想办法换个角度去看原本以为的缺点，重新将其理解为优点。缺点和优点并非相互孤立存在，被视作缺点的特性实际上也可以转化为优点。倘若将人的缺点视为突出的棱角，那就不可以消除缺点。即便将缺点消除掉，或许最终也只能变成一个没有棱角的圆滑之人，但消去了棱角往往就会成为一个气量狭小之人。一旦矫正了缺点，也就成不了"出色之人"了。

所以，我们需要换一种视角去看被认为是缺点的特性。例如，可以将缺乏专注力重新理解为具有同时处理多件事的能力。另外，当发现刚开始读的书并非自己目前所需时就毫不犹豫地停止阅读，我们也可以将这视为是具有决断力，而不是没常性。

我不擅长处理人际关系，所以就认为自己"性格阴郁"。

如果是性格阴郁的话，那就无法感觉自己有价值，并且也无法喜欢上那样的自己。我逐渐对自己形成了一种"偏见"。

虽然被人说了过分的话感到难受，但至少我从未故意对他人说过伤人之言。我总是考虑他人的感受，在意自己的言行会对他人造成什么影响。或许可以说那样的自己实际上并不是"性格阴郁"，而是"和善体贴"吧。

当然，若是十分注意自己的言行，特别在意他人的脸色，那的确不容易遭人厌烦。但那也会令自己谨小慎微，不敢说自己想说的话，不能做自己想做的事，并且实际上我们也确实不能完全不顾及他人感受。

在贡献中感受价值

除了将缺点转化为优点这一方法，还有一种能够感觉自己有价值的方法。在前面的引文之后，阿德勒接着说：

唯有在我的行为对共同体有益的时候，才能感觉到自己有价值。

当能够感觉到自己不是无用的存在，自己的行为对共同体有益，自己可以有所贡献的时候，就可以感到自己有价值了。

阿德勒在这里采用了"我的行为对共同体有益"这种表达方式，但如果只限于行为对共同体有益的时候，那刚出生不久的孩子、无法独立行动的病人，还有需要他人照顾的老年人就会毫无贡献了。但事实上，那样的人也能够通过自身的存在、通过活着本身对家人做出贡献。

有过照护或者育儿经历的人可能都有过类似体验：当被照护者睡得异常安静时，会突然担心其是否还活着；当看到孩子高烧昏睡的时候就会想，虽然平时照顾精力充沛的孩子很辛苦，但还是健康精神的时候更好。可以说，活着本身就是一种欣喜，孩子或年迈的父母会因为活着本身而对家人做贡献。

不仅是行为，通过自己的存在也能够感觉自己有价值，并通过这种想法获得投身人际关系的勇气，阿德勒心理学将帮助人们达到这种境界的勇气称为"赋予勇气"。

同样的道理也适用于自己。我们要能够认为自己即使没做什么特别的事情也依然有价值，并拥有接纳真实自我的勇气。如果不能获得"真实的自己就有价值"这种基本信赖感，往往就会想要变得特别好，或者当变好意愿无法实现的时候就可能会想要变得特别坏。我们要有"安于普通的勇气"。就像前面也已经看到的一样，这里所说的普通并不是平凡的意思。我们需要能够认为当下真实的自己有价值。要做到这一点需要勇气，但能够有这种自我认知的人一般也不会对他人抱有过高期待，或者说不会按照自己的理想去要求他人。他们能够与现实的人打交道，不会对他人挑三拣四，可以接受多样性。

不认为自己有价值的人其实是为了逃避人际关系。他们认为，一旦涉入现实的人际关系，就有可能会受伤，也有可能善意地遭人拒绝。

如果拥有贡献感就能认为自己有价值，那么，这种贡献感的获得势必与他人紧密相关。人际关系非常烦琐，也是烦恼之源，但只有参与到人际关系中才能感受到生存的喜悦。自己不认为自己有价值的人若是听到他人对自己说"谢谢"可能就会很惊讶，这是因为他们突然意识到原来自己也能对他人有所贡献。

我们要适时对他人说"谢谢""帮我大忙了"之类的话，但不能期待他人对自己说这样的话。很多在赞美中成长起来的人长大之后也会强烈希望以某种形式被人认可。"谢谢"或"帮我大忙了"之类的话可以帮助他人获得贡献感，有人希望他人也能对自己说这样的话。我长期在护理学校任教，当问护理专业的学生为什么想当护士的时候，有的学生会回答说，因为想要在患者出院时听到患者或家人对自己说"谢谢"。可是，倘若他们被分配到重症监护室或者手术室的话，那就无法从没有意识的患者口中听到感谢之言。我有时会担心那些希望获得感谢而去当护士的人能不能一直坚持从事自己的工作。

摆脱认可欲求

"谢谢"原本是一句着眼于他者贡献的话,但认可欲求强烈的人往往会期待他人对自己说"谢谢",甚至会认为这是理所当然的事情。他们是想要通过"谢谢"之类的话获得他人对自己行为的认可。

从小在父母或老师的赞美中成长起来的人往往做什么都希望获得他人的赞美和认可。倘若得不到赞美,他们甚至会想要通过被父母或老师批评来获得关注,具有强烈的认可欲求。

很多人一获得他人认可就会无比开心,但人不是为了获得他人认可而生。即便能够满足他人的期待,那也是活在他人的人生中,谈不上是活出自己的人生。

许多人都无法摆脱认可自由。那样的人一旦无法获得他人对自己行为的认可,就不愿再去做一些恰当行为。有的孩子看到掉在走廊里的垃圾时,往往会瞬间看一下周围,那或许是在想是不是有人会看到自己将垃圾捡起来扔到垃圾箱里的行为。希望大家都不要成为捡垃圾还要想一想是否有人看到的孩子。

一般认为人人都有认可欲求。但是认可欲求并非绝对必要,相反,很多问题都源于认可欲求。认可欲求究竟哪里有问题呢?我们怎么做才能摆脱这种欲求呢?

有了贡献感，认可欲求就会消失

包括没有听到他人对自己说"谢谢"在内，日常生活中会有很多得不到认可的情况。

刚出生不久的孩子，无论父母怎么精心照顾，他也不会为此说"谢谢"。孩子离开父母的帮助就无法生存，所以，无论是否能够得到孩子的感谢，父母都必须要去照顾孩子。恐怕不会有人会因为得不到孩子的感谢就不去照顾孩子，但对认可欲求强烈的人来说，育儿可能会比较痛苦。

我在照顾患有痴呆症的父亲时，有一次父亲突然对我说了句"谢谢"。那一刻，我无比惊喜。父亲并不总是对我说"谢谢"，可我没有理由因为父亲不对我说"谢谢"，就生他的气，因为我不是为了获得感谢才去照顾他的。有时我也会因父亲的无端怒火感到烦心，甚至第二天都还不愿去看父亲的脸，但我还是庆幸自己因为生病之后减少了外面的工作量而能够照顾父亲。即使有时候会发生摩擦，即使不会听到父亲对我说"谢谢"，我还是能够通过照顾父亲获得贡献感。对于那些认可欲求强烈的人来说，照顾病人或老人会比育儿更痛苦。

倘若期待自己的行为全都能够获得感谢，那就等同于认可欲求。若是能够获得贡献感，就不会期待别人对自己说"谢谢"。自己做的事情没有必要非得获得他人关注。

有了贡献感，认可欲求就会消失。如果自己能够通过自己做的事情获得贡献感,那即使不被任何人认可也不会在意。可若是视他人为敌而非同伴,自己做的事情得不到丝毫认可的时候就可能会觉得自己是在被迫做着牺牲。明明视他人为敌还认为是在为他人做贡献,这或许也是一种伪善吧。

这里使用"贡献感"一词是有原因的。如果认为只有在做出什么特别事情的时候才能够有所贡献,那很多情况下都很难做出贡献。希望大家不要将"贡献感"理解得太狭隘,要认为即使不以某种具体可见的形式做贡献,自己活着本身也对他人有所贡献。在此基础上,行为上也能有所贡献的人就可以通过行为去贡献,绝不是说只要自己能感觉是在做贡献,或者自我满足就可以。

认可欲求依赖于他者,但贡献感并不依赖于他人。因为,不管他人是否认可,自己都能获得贡献感。就像自己不必为满足他人期待而活一样,他人也不是为了满足我们的期待而活,所以没有理由因为即使做了好事也有人不认可而生气。

并且,一旦想要获得他人认可,就不得不去迎合他人的价值判断,只会在意他人如何看自己,于是就不得不去选择不自由的生活方式。

之所以被迫选择不自由的生活方式,还不只是因为在不得不去迎合他人价值判断这一意义上去依赖他人。认可和表扬是有能力者对没能力者所做的评价,只有在纵向人际关系中才有可能成立。陪同伴进行心理咨询的人在咨询结束时即使听到同伴对自己说"你能等我这么久,可真棒啊"之类的话，恐怕也不会开心吧。想要获得认可的人，等于是想让人认可自己是没有能力的人。阿谀奉承讨上司欢心以期获得认可的人，其实是主动以无能者的姿态居于人际关系中的低位。倘若有人即使知道了这一点也依然希望获得认可的话，那可真是太令人惊讶了。

不去迎合他人期待

　　孩子结婚的时候，很多父母都会反对。即使没有强烈反对，似乎也很少有父母从一开始就无条件地祝福孩子的婚姻。此时，孩子似乎只能有两种选择，一是跟自己喜欢的人结婚令父母悲伤生气，二是不跟自己喜欢的人结婚让父母安心。倘若一开始便认为不可能既跟喜欢的人结婚又不令父母生气伤心，那父母的反对就完全可以预料到了。其实，你可以像等待台风过去一样等待父母的混乱状态慢慢平静。

　　孩子结婚的时候，不管父母具有什么样的情绪，那都只能由父母自己想办法克服。父母怎么看待孩子的婚姻，对孩子的婚姻持什么样的态度，这些都是父母的课题，不能让孩子去解决父母的课题。也就是说，父母不能阻止孩子跟自己喜欢的人结婚。

　　当然，孩子可以好好跟父母解释，征得父母对自己婚姻的同意与祝福。所以，不要一开始就认为父母不会听自己解释，即便遭到反对也要耐心去说服。

因为是自己的人生，所以完全没有必要放弃与自己喜欢的人结婚，或者去选择父母推荐的结婚对象。可令人惊讶的是，真的有人会为了不令父母伤心而放弃与自己喜欢的人结婚。那样的人往往认为婚姻并不仅仅是两个人的事，倘若父母不认可自己的婚姻，那即便与自己喜欢的人结婚也没有意义。

认可欲求的一个重大问题就在于此，明明是自己的事情，却总想获得他者认可。这样的人优先考虑的不是自己的意志，而是他者的意志。

孩子在结婚的时候决定尊重父母的意志而非自己的意志，这其实有其隐藏的目的。顾及父母心情，与父母中意的人结婚，这看似是孩子对父母的孝顺体贴，但实际上是想将来婚姻生活不顺时可以归咎于父母，发出"那时候若是不听父母的话就好了"之类的抱怨。

我在上高中时，有一次看到发下来的英语作文印刷卷，我忽然想到这可能不是老师自己出的题，于是我在放学路上去书店找了几本英语作文试题集查看，发现老师发的试卷果然就是将其中一本书上的问题原样不动地印刷上去了。

我当即买了那本试题集。回家进行第二天课程预习的时候，我十分想看一看那本书的答案。心里想着一开始就看答案恐怕不行，但若是自己写完之后再看的话应该是可以的吧。这样想着我就去看了一下答案，但一看就停不下来了。一边看着答案修改了自己的作文，一边安慰自己说反正又不是抄答案，只不过是参考一下而已。

在这门课上，学生首先将答案写在黑板上，然后老师边解说边修改学生写的答案。看着答案写的我，英文当然十分完美，因此老师一点儿也没有订正，并且老师还对我说："你英语很好！"

自那以后，我认为自己必须符合老师的期待。但如果看答案才能够写出完美的英文，但是英语能力并不会因此而有所提高。

那时和现在的我都不擅长写英文，为了克服畏难意识，只能每天不停练习。可是，倘若听到老师说"你英语很好"便认为自己就应该英语好，那往往就会忽视英语水平不够这一现实。

不要活在可能性中

后来我在某个大学教授古希腊语。有一次，我让学生把希腊语翻译成日语，但有一个同学就是沉默不语、不予回答。那个学生英语、德语和法语全都会，可就是面对难学的古希腊语，生平第一次经历了不会读的尴尬。我问那个学生是否知道自己刚刚为什么默不作答，这位同学回答说因为不想自己答错之后被老师认为自己不行。

其实，对那个学生来说，重要的是学习，而不是获得老师的认可。如果那个学生不回答，作为教师的我就不知道其哪里不懂、哪里出错，或者可能我的教学方法还不够好。总之，只要学生一心只想着获得老师认可，那就会总也读不好。

我对那个学生说："我绝不会因为你做错一些题，就据此认为你是差生。"之后，那个学生便不再害怕出错了，其希腊语能力很快就有了显著提升。

超越自卑感

上小学之前，祖父时常对我说："长大了要上东京大学。"那时候的我其实并不懂祖父的话中意思，但很快就隐约感觉，若是进了东京大学似乎就会得到大人的赞赏。虽然不明白具体意思，但唯一清楚的一点是要想上东京大学，头脑必须好使。

可是，我上小学之后很快就察觉，自己似乎很难学好算术。因为我在暑假之前的结业仪式上拿到的成绩单中，算术的评价成绩是"3"。从学校到家需要花三十分钟，途中我好几次放下双肩背包从里面拿出成绩单查看，但算术成绩反复看了好几次还是"3"。我心里暗暗地想："完了！这下上不了东京大学了！"也许有人会说五级评价制中的"3"也已经很不错了。但自卑感并不是实际上差，而是感觉自己差。所以，一旦认为自己不行，那往往就会真的不行。

阿德勒说自卑感人人都有，"能促使人进行健康、正常的努力与成长"。正因为有自卑感，人才会想要努力向上。不过，那并非与他人比较产生的自卑感。如果自己目前的成绩是"3"，就不必为了与其他人竞争而去努力，只要努力比现在的自己更好就可以了。

要努力

不管是否被认可，要想搞好学习和工作就只能踏踏实实地去努力。不过，声称要努力、勤奋的人往往会招人嫌，反而是那些看似不怎么努力的人会讨人喜欢。关于读书也是一样，有人并不认为读书是好事，甚至有人提出不读书直接从经历中去学习，或者扔掉书到街上去。虽然笛卡尔曾说"一到可以脱离老师们监督的年龄，我就完全不再通过书本获取学问"，但这并不是完全放弃读书的意思，而应将其意思理解为，不再认为只有读书才是发现真理的唯一且最为有效的方法。笛卡尔肯定不会放弃读书，我们不能仅照字面意思去理解笛卡尔的这句话。

让他人觉得自己不太努力，这种做法是有目的的。那就是，失败的时候可以归咎于没怎么尽力。

　　白尊心强的人往往会害怕受伤。他们有时还会不好好备考，甚至直接不参加考试。这样就能够在得不到预期结果的时候找一个理由，可以说如果当初自己再努力一下就会取得好成绩了。

　　讲这样的话就好比是"知道下方撑着一张保护网在走钢丝"，即便从钢丝上掉下来也能够安全着地，并不会受伤。

　　很多人热衷于不需要节食或运动的瘦身方法。仅听一听就能会说英语的学习法之类也是一样。即使减肥成功，即使听一听英语就会说，也需要努力去维持体重、保持英语水平。否则，成功不会长久持续。不得不说那些渴望不需要付出努力就能够成功的人，实在是不够认真。

　　有一次，一位出租车司机对我说："在乘客面前说这些其实有点儿欠妥，不过，一旦我拉上乘客，接下来要考虑的就是将乘客安全送到目的地。这段时间其实并不算在干工作，那么，什么时候对我来说才算是在工作呢？那就是从一位客人下车到有下一位客人乘上车来的时段。这期间不可以只是漫无目的地开车行路，必须收集信息，了解什么时候在哪里可以拉到乘客。这样认真用心地开十年出租车，之后的十年就会发生变化。如果只知道抱怨说'（客人太少）今天运气太差'，那这个工作就没法干。"

　　即便是短距离的乘客，拉得多了收入也就有了，但那些遇到净是短距离乘客，或者客人较少的情况就抱怨运气差的人，往往是不会想办法改善现状的，所以，他们的人生也不会有任何改变。或者，越是什么都不做，事态就会越糟糕。

虽然我们没必要夸耀自己的学习或努力，但还是要尽可能地努力。即便努力了，也还是有可能遗憾地难以取得好成绩，或者考不及格，那也只能坦然接纳结果，勇敢挑战，期待下次会更好。

万事开头难。没有人一开始就会骑自行车或者游泳。无论多么困难，自己要面对的事情只能由自己去处理，谁都代替不了。但其实，只要耐心坚持去做，最初觉得根本做不到的事情也会慢慢做到。

我曾教过一位想要成为钢琴家的高中生学英语。一问才知道，她三岁就开始弹钢琴了。有一次，我问她："你曾想过要放弃弹钢琴吗？"

"从未有过。"

"有曾觉得练琴辛苦吗？"

"从未有过。"她回答得非常干脆。

没有人强迫她练琴，她有一个能够愉快弹琴的环境，自然而然地决心要走钢琴家之路。如果是喜欢的事情，努力就不会觉得痛苦。老师或父母往往认为学习音乐是必须咬牙坚持的辛苦之事，并不了解其中的快乐。虽然学习不知道的事情需要付出很大的努力，但学习未知之事本来就是一件愉快的事情。

> 向阳而生的勇气

获得若干分量的勇气

就像前面已经看到的那样，有了贡献感就能获得勇气，继而就会想要参与到人际关系之中。这里的勇气倒也不必太特别。明明不会游泳还硬跳入水中之类的事情与勇气无关，此类做法只不过是蛮勇。

法语中 courage（勇气）一词的前面常常会加上部分冠词，变成 du courage。我清楚记得大学时代的法语老师将这个词表述为"若干分量的勇气"，当时我就觉得老师的表述非常有趣。

我们缺乏的往往并不是能力，而是若干分量的勇气。有时候，些许勇气就会改变人生，他人也并不都是可怕之人。事实上，并不是因为他人可怕才不愿与人来往，而是为了不与他人来往，才想将他人视为可怕之人。

不仅是人际关系，工作也是一样。很多时候，并非我们的能力不足，而仅仅只是自己给自己设限，认为自己无法取得预期成果，不想付出必要努力。然后还为自己留有一定余地，活在一种"如果再努力一些就可以做到了"之类的可能性之中。

人有时也会将他人的话当作不去面对课题的理由。学生时代，曾有一位指导老师对我说，"你不太擅长写论文啊"，结果那之后的好几十年我都被这句话困扰。但是即便如此，也并不是老师的话导致我觉得自己不擅长写作。老师的话只不过是一个契机,其实是我为了不去面对课题,才想要认为自己不擅长写作。认为自己不擅长写作就不去写,如此一来,就不必让自己写的东西被人拿去评判,这就是事情的真相。

阿德勒说,"任何人都可以做到所有事"。主张这一观点的阿德勒晚年将活动基地转移到美国之后,遭到了强烈的批判和攻击,被指责忽略了才能与遗传因素。

阿德勒引用罗马诗人维吉尔的话来回应,"因为认为能做到,所以能做到"。这并非精神主义,而是警示大家不要让"我做不到"之类的想法成为自己一生的固定观念。一旦成为固定观念,就很难再有进步,绝对会令人止步原地。但是,事实上并不是真的赶不上。

阿德勒引用自身学数学的事例来说明才能并非遗传,孩子完全能够消除设置给自己的限制。

有一次,老师遇到了一个乍一看似乎无法解开的难题。那时,只有阿德勒知道答案。有了这一次成功,阿德勒对数学的看法彻底变了。那之后,他开始喜欢数学,并抓住一切机会提升自己的数学能力。阿德勒说通过这段经历他明白了一个道理:设想特殊才能或者与生俱来的能力,这是错误的观念。

就像前文中已经看到的那样,阿德勒的"任何人都可以做到所有事"这一观点在美国受到了强烈批判,所以阿德勒后来解释说这句话不能按照字面意思去理解,它只是想要为教育者与治疗者灌输一种乐观主义,帮助他们在与有问题的孩子们打交道时树立信心。但我认为阿德勒没有必要做出这样的申辩。

不擅长数学的女儿亚历山德拉曾得到了父亲阿德勒这样的教导：有一次，亚历山德拉没有参加考试便跑回了家。阿德勒对其说："怎么了？你真的认为这种谁都能够做到的简单事情自己就做不到吗？去尝试的话，就一定能够做到！"听了父亲这段话，亚历山德拉在很短的时期内便将数学成绩提升到了第一名。

搬出才能或遗传因素说事情的人，就是将才能或遗传因素当作自己不去面对课题的理由。但是，很多事情其实都是后天习得的。例如，热衷于赌博的人因为事关金钱，所以就会非常周密精细地加以分析。如果是赛马，每一匹参赛马的名字及详细情况都能够烂熟于心。

当发生医疗失误，患者家属起诉医生的时候，无论多么专业的知识，他们都会拼命去学习，迅速掌握疾病的相关知识。手术前只会对医生说"一切都拜托您了"，并不怎么想去学习疾病相关知识的患者家属会在掌握了疾病相关知识后再去参加审判，看到他们积极学习的姿态，连辩护律师都遗憾地说真不知道他们为什么不在手术前付出这样的努力。

上了年纪的人往往会感叹自己记忆力没有年轻时好了，但他们也并未付出学生时代那样的努力。倘若不是分数不够就不能升级之类的迫切状况，人往往就不会认真学习。稍微尝试一下，一旦进展不顺，马上就会放弃。

若是懂得学习的喜悦，即使没有考试，即使不被强制，也能够主动去努力。并且，如果像学生时代那样付出时间与精力，大多数事情也肯定能够被掌握。不过学生时代只为考试学习的人，如果没有特别需要的话，或许并不愿学习。

即便什么事情都真的不像一般认为的那样与才能有关，只要付出一定的时间就能够掌握，但如果没有充分的努力动机，那或许谁都不愿去学习。

学习不能仅仅是为了自己，还必须是为了能够对他者有所贡献。但是，有的人却一心只想着通过学习考上名牌大学继而出人头地，这样的人一旦知道无法取得预期结果就会马上放弃学习。

失败的勇气

阿德勒阐述过好几种勇气。

多次重复同样的失败是有问题，但人也不可能一次都不失败，而我们恰恰能够从失败中学到很多，继而有所成长。甚至可以说，人只能从失败中学习。失败不会挫伤勇气，重要的是失败之后如何做。

具体讲就是，我们需要认真思考如何将那些因失败丢失的、破坏的东西尽可能复原，以及今后怎么做才能避免同样的失败。如果伤害了别人，道歉也是承担失败责任。倘若失败的时候什么都不做，同样的事情就势必会重复发生，那就无法从失败中学到任何东西。

有时候，人往往不愿承认失败本身，所以就会故意掩盖失败的事实。但是，这种事情根本无法掩盖。有时会在电视上看到某些企业的干部们在事情败露后召开致歉会，低头谢罪，这实在是最难看的了。

害怕失败的人、一有机会就想要掩盖失败的人，其实并不关心课题本身。可以说，他们只关心围绕课题所产生的人际关系。倘若有人因为担心失败之后别人对自己的评价有所降低之类的事情而放弃课题，那这样的人其实只关心自己。

未必失败了就一定能够从中学到什么。有时候，人也会以失败为理由，不再去面对之后应该做的课题。

极力掩盖失败，被发现后才低头认错，这样的人当然不会从失败中去学习，他们只会考虑自己。重要的是失败时不去在意别人怎么看自己，再次挑战，挽回失地。

不完美的勇气

这是指懂得有可能失败的勇气。一旦认为不可以失败，那就可能会稍微预料到失败就不去面对课题。前面看了那位因为害怕出错而不回答希腊语问题的学生的例子，其实很多学生在上大学之前就已经经历过成绩不好之类的失败了，但优秀的学生通常能够比较轻松地考上大学。不知是幸运还是不幸，偏巧我教的古希腊语并不是一门简单的语言，所以那个学生或许是生平第一次遇到自己弄不懂的事情。优秀的人在这种状况下往往都会格外脆弱。

若是体育运动，那就必须和他人进行竞争，但问题是有的人一旦知道自己无法获胜就会放弃挑战。任何人都未必总能取得好成绩。即使无法很好地完成某项课题，也只能从可以做的事情开始做起。如果不去面对课题，那就什么都不会开始。这就是被阿德勒称为"不完美的勇气"。

当课题很难完成时就想要选择逃避，阿德勒将这种生活方式解释为"全部或者没有"。即便只能完成百分之五十，也远比零要强。

普通的勇气

这种勇气前面也已经看过了。普通并非平凡的意思，而是指能够认为自己仅仅存在着就能够对他人有所贡献。如果只有在做些什么的时候才能有所贡献，那什么都不能做的人就无法获得贡献感。即便身体好的时候能够通过做些什么进行贡献，一旦年老，或者即便年轻却患病在身，那就无法再通过做些什么来进行贡献了。要想在这种时候也依然能够觉得自己有价值，需要一定的勇气。

阿德勒曾写到过一位有问题行为的少年，他的父亲甚至想过只能将其送去教养院。有一次，孩子患了股关节结核，在床上躺了整整一年之久。于是这个之前一直认为自己丝毫不受任何人重视并感觉被父母慢待的少年，看到了大家不停地关心、照顾自己这一事实。所以，感觉到自己被爱着的少年明白之前是自己错了。出院复学之后，他性情大变，成了一个非常可爱的孩子。

人如果不具有对自己的基本信赖感，认为当下的自己就很好，那就会想要变得特别好。如果做不到的话，就会想要变得特别坏。希望大家首先拥有接纳普通的勇气，既不要想着变得特别好，也不要想着变得特别坏。

承认错误的勇气

自己犯了错，有时候自己就能够明白，也有时候被别人指出后才明白。或许有人并不喜欢被他人指出自己的错误之处。

前文中写到我在大学教古希腊语时候的事情，其实，会出错的并不仅仅是学生。老师即使在课前花费数倍于学生的时间精心备课，在讲解语法或进行翻译的时候也还是偶尔会出错。有的老师会觉得这有失教师尊严，但重要的是学生能够学到东西，只顾保住自己的体面或面子是很奇怪的做法。

由于比学生学得更早，所以老师比学生知识丰富是很自然的事情。不出错当然最好，为此教师需要不断地进行学习，但即便自己的错误暴露在学生面前，也不必以此为耻，反而应该为学生有能力指出教师的错误而感到高兴。

信赖他人

有一点根本用不着细想，或者说太过理所当然，以至于我们平时也注意不到，那就是人如果不信赖他人就一刻也没法活。正因为能够相信司机开车的时候不会故意犯错，我们才能乘坐电车和出租车。虽然有时候这种信赖关系会崩塌，也的确会发生重大事故，但那样的事情并不会总是发生。

在日常生活中一般不会瞬间发生那种令信赖关系崩塌的重大事故，不过很明显的是，人际关系也正是有了对对方的信赖才会成立。倘若是大人和孩子一发生争执孩子就不回家，或者学生上了无聊的课第二天就不去上学，那事情就麻烦了。只要相互信赖，就不必有这样的担心。可即便是一时的，信赖关系的缺失也只会使关系恶化，绝不会使关系变好。

无法信赖时

　　人的信赖究竟是怎么回事呢？倘若一切都显而易见、明明白白，那就不需要信任了。信赖是对当下正在发生或未来将要发生的事情未知的时候，主观性地补全那些未知的部分。唯有在具备直接知识或者信任依据的时候才相信，这称不上是"信赖"。

　　为了方便理解，我们可以来辨析一下相关词语，通常所说的"信用"其实是以"不信"为前提。这并不仅仅是指商务场合的事情。如果无望还款，银行就不会放贷。可是它在人际关系中却有些不同，例如，当孩子说明天开始学习第二天却并不学习的时候，父母不能因为孩子不守信而与其断绝关系。

　　像这样，关于未来的事情，我们不知道会发生什么，所以有时候就无法信赖。可是，如果是现在的事实，就一定会相信吗？实际上，大人并不仅仅只看孩子的"现状"。当孩子某一天突然不学习的时候，若是平时爱学习的孩子，大人就会认为今天只是个例外，孩子也需要休息，而不会认为孩子今后也不学习。

　　不过，对于那些在大人眼里平时就不怎么爱学习的孩子，大人就有可能认为其今后也一直不学习。即便这些孩子说"明天要学习"，大人也无法相信孩子的话。

　　像这样，大人并不是只看"事实"，而是为事实"下定义"。若是大人认为这个孩子不能信任，那无论孩子做什么，大人都无法信任。因为基于这样的想法去看孩子的行为，孩子的任何行为都只会强化不信任感，而不会促使大人去信赖孩子。

并不仅仅是不学习现象或者问题行为，随着不断成长，孩子会做出一些令父母意想不到的事情。这种时候，如何去理解、定义它就具有很大的随意性。信任或不信任并非看孩子的行为而定，大人决定是否相信孩子的时候往往并不去看孩子的行为。若是信任，可能就会想方设法去寻找可以信任的根据；若是不信任，那就会绞尽脑汁去发现不可以信任的根据。

当信赖被辜负时

当大人无法信任孩子时，孩子身上究竟发生了什么呢？按照之前的惯常说法来讲，大家往往会说是因为发生了大人无法信赖孩子的事件才导致对孩子产生不信任感。但是，不信任往往具有双重含义，无法从因果角度去看。

首先，孩子有时会故意做一些令大人不信任自己的事情。明确来讲，那就是为了引起大人的注意。孩子往往想要获得大人的认可，想要拥有对家庭或学校之类共同体的归属感。可是，倘若即使做一些建设性的事情也无法获得认可和归属感的话，那孩子就会想要通过一些不当言行来引起大人的关注。

其次，孩子也会对大人抱有相同的不信任感，就像大人不信任自己一样。孩子一开始对大人是没有不信任感的，可是不知道从什么时候起，他们逐渐就不再相信大人的话了。这是为什么呢？

一是因为大人言行不一致。当大人大肆进行说教时，孩子往往会去关注大人的行为。孩子会想，大人强迫自己去做的事情，他们自己是否能够做到。

二是因为孩子知道，大人是想要将自己变成他们所期待的孩子。可是，大人的期待是对孩子课题的期待。即便大人期待孩子好好学习，学不学习的结果也只会作用到孩子身上，相关责任也只能由孩子来承担，从这个意义上来讲，学习是孩子的课题。

倘若如此，即便父母信任孩子，那也只是父母单方面的期待而已。乘坐电车或出租车时即使发生什么事情，后果也只会降临到乘客自己身上。而与孩子之间的信赖关系出现问题时，后果一般也不会影响到大人。孩子往往并不希望大人干涉自己的课题。大人对孩子有所期待，那是大人的课题，所以，不能让孩子去解决大人的课题。若是明白这一点，问题就不会太大，但大人往往认为干预孩子的课题就是自己的课题。

像这样，孩子一旦知道大人言行不一或者大人想要干涉自己的课题，就会不再直接去听取、理解大人的话，而会去揣测大人言语背后的心理，继而也就不再那么相信大人的话了。

为什么需要信赖

对大人抱有不信任感的孩子往往会对全世界都缺乏信赖感。他们往往会认为这个世界充满危险，周围的人都是想要伺机陷害自己的敌人。那样的孩子一般都不愿做对他人有用的事情，所以就无法获得贡献感，因此也就无法认为自己有价值。如此一来，他们便无法获得面对课题的勇气。

美国某学校里有一个问题班，先后有两位老师辞去了该班的班主任工作。于是，校长给一位在那年的录用考试中没有被录用的女教师打电话，告诉她若是能够负责这个班到学年末，第二年就可以录用其为专职教师。当然，这位教师欣然应允。

校长特意没说这个班的情况。一个月之后，校长到这个班里来参观，看到班里的学生们竟然都在认真学习，校长大为惊讶。下课之后，校长大大赞赏了班主任老师，结果班主任老师反而说："该道谢的是我，因为您能够让新入职的我来负责这么优秀的班级。"

"我没有资格接受您的感谢……"

"啊，校长您对我隐瞒的那个小秘密，我其实在第一天就发现了！我一看抽屉，发现里面放着学生们的智商（IQ）表。看了之后我感觉压力很大，当时就想必须好好努力，一定要教好这些如此聪明活泼的孩子们。"

校长打开抽屉一看，里面有一张表，表中学生的名字旁边分别写着136、127、128之类的数字。看了之后，校长大声说："这不是什么智商表！这是学生的橱柜编号！"

对此，心理治疗师比尔·奥汉隆说："不过，一切为时已晚。这位新任班主任已经认定学生们都很优秀，学生们也努力回应了她的积极推动与期待。"

所谓信赖，是指就连没有信任根据的时候也选择相信。如果有人毫不怀疑地信任自己，恐怕就很难继续去辜负那样的人。若是知道有人信赖自己，孩子对这个世界或他人的看法也会有所改变。

构筑信赖关系

那么，怎样才能构筑信赖关系呢？即使孩子说"明天就开始学习"，父母也无法信赖孩子，因为这样的话已经听过无数遍了，每次父母都会失望。对于这样的父母来说，他们并不知道孩子是否真的会学习。虽然不知道孩子是否真的会学习，但若是确切知道孩子会学习，那也就根本不需要信赖孩子了。

或许孩子还没有自立到可以独自去解决课题，很多情况下，孩子的现状并非最佳，但也绝对不能说就可以"保持现状"。我们只能从现状出发。

我们要懂得看到人的真实状态，并明白每个人都是独一无二、不可替代的存在，艾瑞克·弗洛姆将这种能力称为"尊重"（respect），其词源是拉丁语的 respicio。信赖始于这种意义上的尊重。可是，大人往往看不到真实的孩子，常常会抱有过高期待或者给出过低评价。孩子会因此挫伤勇气，丧失对自身的信赖感。要想帮助这样的孩子获得面对课题的勇气，只能从看到孩子的"现有状态"而不是"应有状态"开始。

坦诚交流

前面分析了信赖，从不信任感产生的机制开始，分别讲了为什么需要构筑信赖关系，以及如何构筑信赖关系。最后还要强调一点，那就是在日常生活中，不要去揣度别人的心思。我们不可以认为信赖的最佳境界就是不需要语言表达。也许听起来有点儿费解，信赖关系的产生并不是基于信赖对方而保持沉默，而是基于将语言交流置于人际关系中心。不能坦率理解对方的话，而是想方设法去揣测那个人的心理，我不认为这是人际关系的理想状态。

发现善意

如果能够视他人为同伴，那或许就会想要对他人有所贡献。相反，若是视他人为敌，那就不愿对他人有所贡献。为了不视他人为敌，需要去发现他人言行中的善意。

母亲早逝，当时就我和父亲两个人一起生活。有一天，父亲吃着我花了好长时间做好的咖喱饭，说了一句"别再做了"。当时，我坚信父亲这句"别再做了"是"因为难吃，所以别再做了"的意思，但后来我才明白父亲这句话的真实含义。当时我还是学生，父亲想说的是"你还是学生，所以必须要学习。不要再为我做费时费事的料理了"。

当我能够在父亲短短一句话中发现新的含义时，便不再仅仅因为处在像过去那样的同一个空间就产生紧迫感了。实际上，我内心发生的变化源于我自己决心要改善与父亲之间的关系。在过去不想改善与父亲之间关系的时候，我会试图将父亲的一切言行都作为不与他亲近的根据。

分离课题

我们必须将自己的课题与他人的课题相分离。前面已经看了大人试图介入孩子课题方面的问题,这里我想要在阐明"课题"一词意思的基础上,讲清不能进行课题分离所造成的问题。当辨清某件事的最终结果会降临到谁身上,或者某件事的最终责任必须由谁承担的时候,那件事是谁的课题就会明确了。

举个容易理解的例子,学不学习是谁的课题呢?是父母的课题,还是孩子的课题?可以说这明显是孩子的课题。因为如果不学习的话,有麻烦的是孩子,不学习的责任也只能由孩子自己承担。

一切人际关系纠纷大都源于擅自干涉他人课题,或自己的课题被他人干涉。后文中也会讲到,孩子与谁结婚是孩子的课题,不是父母的课题。可是,父母一旦反对孩子的婚姻,那么认为自己的课题受到干涉的孩子与父母之间必然就会产生矛盾。

就与前文中讲到的信赖之间的关系而言,明确分离课题,若是他人能够靠自己的力量解决的事情,相信其能够独立完成课题,不去插手干涉或者说三道四,这是帮助其自立的必要条件。

自己决断

有一次,一个学生告诉我说她很长时间都没能来学校。

一听才知道,原来是一周没去上课,但我并不觉得那是什么特别大的问题。

不过,经我仔细一问,她又说出了下面的情况:虽然她不愿去学校,但她母亲说必须去上学,所以也不能待在家里。结果,她白天就在位于家和学校中间的某个公园或者咖啡馆度过,傍晚再若无其事地回家,就这样过了一周。

如果不去学校上学,当然会落下功课、影响学业,但那是与不去上学相伴而生的责任,这个责任由自己承担即可。虽然需要将落下的部分补回来,但去不去学校由本人自己决定就可以,并不是因为父母说不可以待在家里就必须遵从父母。

我把这其中的道理告诉了学生。如果不去上学,其后果会落在她自己身上,责任也必须由她自己承担。在这个意义上来讲,决定去不去学校是她自己的"课题"。

"这样的事情由你自己决定就好了!"

这么说着,我想起来小学时与母亲之间的一段对话。有一天,同学打电话来邀请我去玩儿。我问当时就在旁边的母亲:"我可以去玩儿吗?"

母亲对我说:"那可以由你自己来决定。"

父母往往会想要通过替孩子决定原本应该由孩子自己决定的事情去支配孩子。并且在这种时候,父母一般还会说"都是为了你好"。孩子完全可以抗拒父母的这种干涉,拒绝父母介入自己的课题。

可是,刚刚讲到的那个学生在父母说不可以待在家里的时候，她听从了父母的话。为什么呢？因为听从父母的话是有"目的"的，具体讲就是不为自己的行为负责。

不去上学导致的后果只能由自己承担，明明决心不去上学却因为父母要求自己去上学就改变主意去上学，这其实是不想对自己的行为负责。当然，若是违抗父母，那会招致父母的反感，甚至有可能激怒父母。但是，也不能因为父母反对就顺从父母的意见。

当孩子不与父母中意的人结婚时，父母常常会很生气。孩子与谁结婚是孩子的课题，即便父母无法赞成孩子的婚姻，那也是父母的课题，而不是孩子的课题。所以，无论父母多么生气、多么伤心，那都跟孩子无关。

可是，倘若孩子接受了父母的反对意见，那往往是因为孩子不愿对自己的决定负责，想在将来发生问题时把责任转嫁到父母身上。

听了这番话，我的那位学生很快明白了不必去满足父母期待，自己的课题只能由自己解决。有一天，她把头发染成了红色，过来找我。

我大吃一惊，连忙问她怎么回事。她回答说："我把头发染成红色了！"

我说："我不是问这个，这一看就知道。妈妈看了你这个发型一定很生气吧？"

"是的，妈妈非常生气，她说太难看了，让我在家里的时候包上三角巾。"

"那你是怎么做的呢？"

"我包上了。但三天之后，我就开始想自己为什么这么做呢？于是就取下了三角巾。"

"然后怎么样了呢？"

"妈妈什么也没说。"

这件事就此告一段落。不仅是这一件事，在之前她与父母的关系中，或许她说想要做什么的时候，一开始父母确实经常说"不可以做……"，那可能会作为"外在声音"限制她的行动，但慢慢就变成了"内在声音"。也就是说，即便父母什么也不说，她也会自己对自己说"这个不可以"，自觉限制自己的行动。

当时，这个学生还因过食症而苦恼。她的确是听从了父母的话，即使不想去上学也为了不惹父母生气而假装去上学。即便如此，她还是抗拒决定自己行为的父母，但是又不能用语言表达出来。她的过食症症状其实是有"指向对象"的，那就是她母亲。她一定是想说："就算是父母也不能控制我的体重！"不过，她如果不去伤害自己的身体，而是将自己不喜欢的事情直接用语言告诉父母就好了。

我不知道这个学生的过食症后来怎么样了。就像前文中已经看到过的那样，症状是因为有需要才被创造出来的，所以一旦不需要了，症状也会随之消失。如果她能够用语言对母亲说出自己做的事情，那或许就不再需要过食症了。

我觉得年轻人令人心疼的一点，就是他们往往会试图通过做一些对自己不利的事情去反抗父母或大人，比如，伤害自己的身体、不去上学等。

依赖和自立

　　分离课题并非最终目标，谁都会有无法依靠自己力量解决课题的时候，所以人们必须相互帮助。不过现实中很多时候，人们经常弄不清楚究竟是谁的课题，所以就需要像解开线团一样将课题一一分离，搞清楚分别是谁的课题。

　　在做好这种课题分离的基础上，人们必须在生活中互相协作。不过，既然自己和他人都具有各自的独立人格，那就不能擅自干涉他人的课题。想要协作的时候可以将其变成共同课题，但在变成共同课题时必须要遵循相应程序。

　　可是，一旦教条式地认为任何情况都必须进行课题分离，有时就会发生下面这样的错误。

　　某个家庭中，还在上小学的孩子吃饭时弄掉了汤匙。母亲发现后正要去捡起来，父亲连忙说："自己弄掉的，自己去捡。"于是，那个汤匙在这户人家的餐厅地板上躺了三天之久，或许家人每次看到它都会想很多吧。

　　"因为是对方的课题，所以就必须让其自己去做"之类的想法有时会令人际关系变得呆板、僵化。看到有人站起来比较费劲的时候,迅速伸手去拉一把,我并不认为这会损伤对方的自立精神。受到帮助的人也不会因为握着他人伸出的援手站起来就变得具有依赖性。

人本来就无法一个人生存,所以才需要他人的帮助。但并不是事事都可以去寻求帮助,这其中的平衡也比较难把握。能够靠自己力量做到的事情尽可能独立去做。不过,如果是需要他人帮助的事情,就可以去寻求帮助。不向任何人寻求任何帮助,这不是自立。自己能够做的事情自己做,但如果遇到自己做不了的事情,就向他人寻求帮助,这才是自立。

不过度依赖他人,但是如果他人向自己寻求帮助,那就尽力去帮助他人。若是很多人都这么想,社会或许就会发生变化。

不察言观色

我曾对自己所属研究室的人际关系几乎一无所知。有一天,研究生院的高年级学生在研讨时似乎误译了希腊文,于是我指出说"我觉得那是误译",结果,当时正在进行研讨的房间里,空气一下子凝固了。这种时候,若是不去察言观色地读"空气",就会受到责难。

可是,因为是学问之所,所以无论是谁,指出错误是理所当然的事情，不能因为对方是高年级学生就什么也不说。职场上也一样，如果认为上司的想法有错，那就应该指出来。不过，这种时候大家往往会担心持反论会给人留下不好的印象，或者害怕自己不懂察言观色，破坏气氛会遭到责难。

大家都持有相同的想法与观点，采取相同的行动，一味强调合作与团结的重要性，总是枪打出头鸟。如此一来，慢慢就会形成一种不允许自由言论存在的氛围。

努力获取理解

如果想要获得周围人的理解，那就只能努力争取。

若是真懂他人的所思所想，那么关心和体贴固然是好的，可一旦想要按照自己的方式去理解他人，可能就会出错。可以说，若是认为自己明白他人的所思所想，那大多是错误的。获取理解必须从认识到自己的想法与观点并不绝对开始。

另外，有的人主张即使对方不说，也应该主动为对方着想。这样的人同样也会期待甚至要求对方这样理解自己。并且，倘若不能像自己所期待的那样获得他人的理解，他们就会非常生气。

如果他人没有说太多，那我们需要尽力发现他人言行中的善意。不过，为了不引起他人误解，尽可能多地用语言充分表达自己的想法和观点也非常重要。不开口讲话，什么也传达不了。

不在意他人的目光

很多人非常在意或者害怕他人的目光。即使告诉他们"不要在意他人的目光"，有意识地想要不去在意的时候反而会更加在意。我们必须来思考一下怎样才能摆脱他人的目光。

所谓他人的目光，换句话说也是一种"他人所做的评价"。他人的评价中自然也包含着一些好的评价，但我们经常在意的往往是那些"不好的评价"。我们应该如何理解这种"他人的目光"或"他人的评价"呢？

有人说，过人行道的时候很讨厌坐在车里的人盯着自己看。有时候，司机可能的确会看向过人行道的行人，但并不会盯着看。当信号灯变化、车子通过十字路口的时候，司机肯定会完全忘掉刚刚那些过人行道的人。

另外，还有人不擅长在人前讲话，甚至经常讲着讲着就突然忘记要说什么了。其实，他人并不会像你认为的那样重视这件事。可如果每次开口讲话都特别在意他人怎么看自己，那对方的些许表情变化也会被看成是指向自己的敌意。

实际上，即便讲话者突然忘词说不出话，大多数人都会耐心等待，绝不会恶意嘲笑。

就前文中讲到的课题分离，他人怎么看自己是他人的课题，自己根本左右不了。那全由他人决定。

有人很在意他人的目光，有人认为能够控制他人怎么看自己。但是，有些事情是无法强加于人的，比如爱和尊敬。我们无法强迫别人爱自己、尊敬自己。即便我们可以为了成为受人爱戴和尊敬的人而采取相应的行为，也无法决定他人因此而爱戴和尊敬我们。

他人并没那么关注

人总是活在某些共同体中。但是，人并不因此就位于共同体的中心。那些在意他人目光的人正因为觉得自己位于共同体中心才会那么做，而那些认为自己并不位于共同体中心的人往往并不在意他人的目光。

进一步讲，有的人认为他人肯定总是关注着自己的一举一动，嘲笑自己的姿容或失败。用阿德勒的话说，就是这样的人是将他人视为"敌人"，而非"同伴"。他们往往视他人为随时伺机陷害自己的敌人，而不是准备在必要时帮助自己的同伴。

最大的问题是，在意他人目光的人一般都只关心自己，丝毫不关心他人。我们在坐电车的时候，有时会不知道是否应该给眼前的人让座。担心如果提出让座的话，对方会说自己还不到该被让座的年纪，这样一犹豫也就错失了让座时机。这种时候直接果断地让座就可以了，根本不必顾虑他人怎么看，在意他人怎么说的人最终还是只关心自己。

为什么会在意他人的目光

因在意他人的目光而不愿与人积极打交道，这是普通的解释方式，阿德勒要考察的不是该现象的原因，而是其背后的目的。

并不是因为在意他人的目光才不愿与人交往，不愿与人交往才是目的，为了达成这个目的才去在意他人的目光。不擅长在人前讲话的情况也是一样，并不是因为害怕他人评价、十分紧张才讲不好话，而是想要将紧张当作讲不好话时的借口。

可是，在意他人目光的人若是得不到任何人关注也会很烦。一想到他人说自己不好的确会不高兴，但若是任何人都不关注自己，或许也会感觉被忽视了。明明很在意他人的目光，但又不愿被人忽视，他们往往具有这种乍一看很矛盾的心理。我们从这里可以看出，这些在意他人目光的人如何看待这个世界，以及怎样定义自己在这个世界的位置。

第七章　克服生存倦怠

并不处于共同体的中心

就像前面也已经看到的那样，阿德勒在著作中经常提到广场恐惧症这种神经症事例。患有广场恐惧症的人往往会认为自己是"满怀敌意的他者所要迫害的目标"，所以一走出家门就会感到不安全，瞬间充满不安。于是，他们会说是因为外面的世界很可怕所以才不愿到外面去。但是，这种情况下也并不是因为不安才不到外面去，而是为了不到外面去才变得不安。

那么，为什么不到外面去呢？因为他们知道如果到外面去的话，自己就无法成为关注中心了。的确，婴幼儿离开父母的保护就无法活下去，他们一哭泣，即使在夜里父母也会醒来。不过一旦长大，就无法再像小时候那样居于关注中心了。这就是长大，但有的人总也不想长大。

对于那样的人来说，自己无法居于关注中心的外面世界是危险之地，在那里，他们会认为自己是"满怀敌意的他者所要迫害的目标"，所以一到外面的世界去，立刻就想要回到自己可以居于关注中心的家中去。实际上，并不是外面的世界或他人真的危险，而是为了不到外面去才那样认为。

即便没有像自己所想的那样受到他人的关注，我们也不能对此提出异议。因为，自己并不居于共同体的中心，他人也不是为了满足你的期待而活。

为躲避对方而生的执念

冷静地想一想，他人并不会总是说自己的坏话，当然也有可能说自己的好话。可是，那些认为他人总是说自己坏话的人宁愿被人那么说。

如果认为有人说自己的坏话，就会不想与那个人积极构筑关系，可能会躲着对方，或者不与之说话。这种情况下，阿德勒所关注的不是"因为对方说自己的坏话，所以才避免与那个人有关系"之类的"原因"，而是"为了躲避那个人，才想要认为对方说自己坏话"之类的"目的"。

也就是说，你的"目的"是"为了逃避与对方来往"。为了达到这一目的才故意想要认为对方说自己坏话。倘若将之前秉持的"原因思维"换作"目的思维"，理解世界的方式就会发生巨大变化。

比他人目光更重要的东西

即便真的有人说自己坏话，我们也没有任何办法。我们能做的只有决定如何与说我们坏话的人相处。对方如何评价我们是对方的课题，不是我们的课题。所以，我们无法改变那个人或者那个人所做的评价,纠结于自己无可奈何的事情也无计可施。

如果想要改变对方或者对方所做的评价,那又会怎样呢?我们就会极力迎合对方期待我们成为的形象。

想要迎合他人对自己所抱有的印象,这原本就会造成巨大负担。并且,就连这种"他人对自己所抱有的印象"可能也只是我们想象出来的。

我们并不是为了满足他人期待而活,所以没有必要在意他人目光,故意让自己看上去比实际更好。即便不这么做,也会有人接受当下真实的我们。

倒也不必认为没有任何人对自己抱有期待,但需要摆脱他人目光的束缚。为此,必须坦然呈现出真实的自己。

倘若努力成为与现在不同的自己是因为惧怕他人评价,为了去迎合他人,那即便能够通过努力有所改变,自己也不再是自己了。不去迎合他人,或者放弃那种迎合他人期待的生活方式,仅仅这样就会令自己心情轻松。

没有必要惧怕他人的评价。比对方的评价更重要的是自己是否能够认同自己现在想要做的事情。

很多人会说,工作场合还是得注意他人的评价。的确如此。但是,这里的评价是关于工作本身的评价,而不是上司或同事对自己的好评之类。记得我上学时,有一位三十年一篇论文也没发表的教授,当然,正因为那样的人在当时也很少见,所以我才会印象深刻。不过,即便是在要求迅速出成果的当今社会，也并不是只要出成果就可以，要想在工作方面获得恰当好评，只能在工作中培养实力。

倘若你拿出了史无前例的企划方案，那肯定会遭到反对。若是听了"肯定卖不出去""若是卖不出去，谁来承担责任"之类的反对意见就心生怯意，一心只想着企划会快点结束，那就没意义了。

无法与所有人都保持融洽关系

犹太教教义中有这么一句话："倘若自己都不为自己活出独特的人生，那还有谁会为自己而活呢？"无论怎么做，都会有人认为自己不好。十个人里面可能就会有一个人认为自己不好，还有七个人是那种随时改变态度的人。剩下的两个人无论我们做什么都会无条件接纳我们。我们只需要与这"两个人"好好交往即可，没有必要因为剩下的八个人，尤其是不喜欢我们的那一个人烦心。

有人认为只要这个人变了，职场就会变。但是，面对那样的一个人，无论你做什么基本上都是徒劳。如果在职场上遇到这么一个人，那就只与其保持工作关系就可以了，不必想着成为朋友。在意这种人对自己的看法与评价，那就太奇怪了。如果在意他人的评价，极力去迎合他人的期待，那就无法为自己活出自己的人生了。

不惧怕他人的目光或他者的评价所需要的就是——活出自己人生的勇气。

走出过往

人绝不会回顾那些与自己当下生活方式不相符的事情。但是，一旦生活方式改变了，就会想起之前遗忘的一些事情，或者对之前的记忆做出不同的解释。有时候，对过去记忆的解释会非常不同，甚至可以说过去本身发生了变化。

有一个朋友跟我讲过他小时候的一段记忆。在他小的时候，街上有很多放养的狗或者野狗。他经常听母亲嘱咐说人越跑狗就越会追赶，所以即使遇到狗也不要跑着逃开。

"有一天，我正与两个朋友一起走着，对面过来一只狗。其他的朋友一看到狗瞬间逃开了，但我按照母亲的叮嘱一动不动地待在原地。"

可是，他一下子被狗咬到了脚。

他的回忆到此就结束了。但是，如果这是现在发生的事情，故事就不会到此为止。

"这件事发生之后，我就开始认为世界很危险了。"

他说自己常常会生出恐惧感，走在街上会担心车撞到自己，待在家里也害怕飞机会从空中砸下来，读了报纸上关于疾病的报道会担心自己已经感染了那种疾病。

他认为是小时候被狗咬的经历导致自己现在认为这个世界很危险。其实并非如此，他是为了将这个世界视作危险之地才从无数回忆中选中了这段适合该目的的回忆，并且，他也没有回忆被狗咬伤之后的事情。

后来，他又想起了原来遗忘的事情。

"我的记忆的确就中止于被狗咬伤这一段了，但后来我又想起了后面的事情。一位不认识的叔叔把被狗咬伤后哭泣的我放到自行车上，带我去了附近的医院。"

虽然被狗咬伤这件事并没有变，故事的性质却完全不同了。前面的记忆是为了证明"世界很危险"这一世界观而被他想起来的，而在后面这段记忆中，他已经不再说"世界很危险"或者"听别人的话就会倒霉"之类的话了，那段经历已经变成了一个危难之时受到了他人帮助的故事。即便不能说这个世界毫不危险（因为也的确有可能会被狗咬到），但因为他最终选择了"这个世界有愿意帮助自己的'同伴'"这样的生活方式，所以回忆就发生了变化，甚至可以说过去本身都发生了变化。

回忆是否正确并没有那么重要。回忆的重要之处在于它表明了当事人的判断。就是"小时候我就是这样"或者"小时候我也是这样看待世界"之类的判断。

我们并不是现在也做着和小时候一样的判断,而是正相反。我们其实是将现在所做的判断投射到小时候,故意认为小时候也做着和现在一样的判断。

在与父亲关系不好的时候,我曾从无数的回忆中专门挑选出那些能够使我与父亲关系不好这件事合理化的回忆。其中最典型的就是小学时挨父亲打的记忆。这时候的事情前面也已经提到了,现在我也不知道是否真的发生过那样的事情,因为知道那件事的人就只有我自己,根本没有其他目击者。

父亲患上痴呆症之后,我照顾了他很长一段时间。两个人聊天时也没有特别提起过那时候的事情,但当我说起以前发生过什么或者去过哪里的时候,父亲大都会说没有那回事。这种情况下,就很难证明那件事是否真的发生过了。即使没有发生过,现在的我也并不在意了。因为到了与父亲关系已经发生了变化的现在,我已经不再需要那些回忆了。

在过去发生的事情中记住什么、忘记什么并非毫无原则。符合自己现在目的的就会记住,不符合的就会忘记。即使记得的事情,我们对其所下的定义也有可能发生变化,那是因为记起过去的人的"现在"会发生变化。

阿德勒曾讲过自己小时候的一段记忆。当时只有五岁的阿德勒每天上学时都必须经过一片墓地,他总是会无比紧张。阿德勒决心要摆脱经过墓地时所产生的不安。有一天,他到达此处时,故意比同学们走得慢一些,还将书包挂在墓地的栅栏上,一个人走过去。一开始独自经过墓地的时候他会加快步伐，渐渐地就可以从容来去了。最后，阿德勒感觉自己终于完全克服了内心的恐惧。

三十五岁的时候，阿德勒遇到了一年级时的同学，于是便问道："那片墓地怎么样了？"

面对阿德勒的问题，朋友回答说："那里没有什么墓地啊！"

原来，这段记忆只是阿德勒空想出来的。尽管如此，这段记忆对于阿德勒来说却成了"心灵训练"。通过回忆小时候鼓起勇气克服困难的事情，帮助自己克服之后的现实人生中的困难并度过困境。阿德勒构造出这段有关墓地的记忆并不是为了逃避课题，而是为了去面对课题。

第八章

Chapter 8

活在当下

第八章　活在当下

人们往往容易一方面追悔过去，另一方面又焦虑未来。但是，过去已经不复存在，未来也尚未到来。追忆过去的时候，"现在"已经悄悄溜走。将明天想象得再怎么逼真，明天也绝不会按照自己的想象去发展。本章就来思考一下怎样才能认真又不沉重地过好当下。

活着很辛苦

某日，当我结束心理咨询回家的时候，有个人突然说"活着可真辛苦啊"。当时，我着实被这句突然冒出的跟那日咨询话题并无关系的话给惊了一下。

柏拉图曾说："对于任何生物来说，出生便意味着痛苦的开始。"

这种观点在古希腊人看来并无什么特别之处。索福克罗斯在《俄狄浦斯在科罗诺斯》中说："一个人最好是不要出生；一旦出生了，退而求其次是从何处来尽快回到何处去。"

这是在说不出生最好，第二好的就是出生之后尽早死掉。

的确，人生越长，经历的不幸也就会越多。即便如此，或许很多人也并不认为人生短暂就是好事。

倘若人独自一个人活着，那也许就不会有烦恼。阿德勒说"一切烦恼皆为人际关系的烦恼"。只要与人打交道，就会产生摩擦，关系再怎么亲近也一样，或者说正因为关系亲近才更容易产生摩擦。若是能够一个人独自生存，那或许也就不会遭遇背叛、嫌弃或者伤害。可是，如果为了逃避人际关系而一个人生活，那就不能与任何人建立深层关系。而不与人建立深层关系就不能获得生存喜悦，也就无法获得幸福。

人际关系之于人，就好比空气之于鸟。空气的确是妨碍鸟飞翔的一种阻力，但是，就像鸟无法在没有阻力的真空中飞翔一样，人际关系也许是不幸的源泉，但它同时也是生存喜悦的源泉。

曾经，我与父亲待在一起每每都会觉得痛苦。一与父亲在一起，气氛就会非常压抑。即便如此，若是回顾一下我与父亲之间的关系，也并非总是不愉快的事情。任何关系都不会一开始就不好。

我有一张上小学之前的照片。那天或许是和父亲一起外出了吧，父亲用他当时极其珍爱的相机为我拍了照。也许是我自己看到照片之后又重构了过去，认为当时与父亲一起外出的我洋溢着满满的幸福感。

如果只有在人际关系中才能感受到生存喜悦，那就需要尽力参与到人际关系中去。但是，与他人之间的关系未必就一定会好，人们会担心因此遭受痛苦。所以，投身到人际关系中需要一定的勇气。

面对残酷现实

我因心肌梗死病倒的时候是五十岁，也绝对算不上年轻，即便如此，我当时依然认为自己也许还没到该死的年龄。如果有比我还年轻的人突然因病去世的话，家人恐怕很难接受吧。

年轻人的死亡总会令人感觉不合理。会让人产生这种感觉的还不止年轻人或孩子的生病或死亡，无辜的人因为碰巧在现场而被歹徒刺伤，抑或被横冲直撞的车撞伤甚至去世，面对这样的事情，人们总是会意难平，老想追问一句"为什么要发生这样的事情"。恐怕没人能够回答这样的问题。

倘若能够认为这个世界上发生的所有事情都有它的意义所在，那也许就能够接受这些不合理的事情。但是，我们根本无法让病人或死者的家属理解疾病或死亡也有它的某种意义。

一位朋友说若是有事需要接受心理辅导，就想要来找我。有一天，这位朋友果真来进行心理咨询了，一问才知道是他年纪尚轻的女儿去世了。这位朋友的女儿因为视力下降而想要戴隐形眼镜，于是便去看眼科医生。医生建议她进行精密检查，结果却查出了脑瘤，仅仅一个月后就去世了。对这样悲伤绝望的父母，即使再怎么说孩子的死肯定有什么意义或者是上天的安排，也丝毫无济于事。

那么，天灾就能令人们释怀吗？当然不是。世上根本没有什么无奈之死，反而是有些事情太不合理，例如因为核电站泄漏事故被迫离开长年居住的地方等。

命运

古希腊人认为每个人都有自己的既定命运。柏拉图的观点与当时的普遍看法有所不同，他强调命运不是被给予的，而是由个人自己选择出来的。

责任在于选择者自身。神没有任何责任。

柏拉图并不是说神不完美，但即便将这个世上的不幸、各人的命运归责于神，也完全无济于事。

我们只能从认清并接受这一现实开始，那就是，这个世界至少没有完全的善，也会有许多不合理的事情。但是，我们不能仅止于此，不要被动地接受现状的不合理之处，虽然难以防止悲惨事件或不合理事情的发生，但要拥有超越不幸的勇气和耐力。我们必须认真思考如何才能获得直面那种变故的勇气。

人并不是只能被动忍受自己所遭遇的不幸状况。我们无法阻止自然灾害的发生，灾害降临到人身上，根本不以人的意志为转移。倘若将其视为命运，那人就难以逃开命运。但是，当说命运不是被给予的，而是个人自己选择的结果时，意思就是说，即便遭遇了不可避免的灾害，如何去面对它也能够由自己选择。

并不是谁都会因为遭遇了地震就一定会患创伤后应激障碍。如何在既有境遇中活着，这可以由自己决定。

不能说生病好，因为肯定是不生病最好。但是，某种意义上也可以说，只有生病的人才能够通过生病的经历学到一些道理。这就可以说是疾病的意义。

人在任何状况下都能保持心灵自由

人绝不是只单方面地受环境影响。过去经历或外在环境的确会带给人巨大影响，但人并非由其决定。人在任何状况下都不是完全无力的存在，在所处境遇中如何生活，这可以由本人决断。

我的母亲在四十九岁时因脑梗死病倒。因生病而半身不遂的母亲利用小镜子默默看着外面的风景。即使在那种状况下，母亲依然想要学习德语。我上大学时曾教过母亲德语，母亲让我把那时所用的教材拿到医院。不久，母亲的意识进一步模糊，无法再继续学习，于是母亲说她想要读一读我高中时花了一个夏天读完的陀思妥耶夫斯基的《卡拉马佐夫兄弟》。我每天在母亲的病床前读给她听，但母亲还是很快丧失了意识。人即使在身负致命伤的时候，还是丝毫不会想到自己会死。母亲那时也许并不知道等待着自己的命运。即便如此，我还是觉得只要活着就尽力去做一些当下能做的事情并没有那么简单。

后来我自己因心肌梗死病倒，不得不卧床静养，连自己翻身也不可以的时候，想到母亲就能够克服困难。

活在当下

阿德勒在著作中谈到那种失去与人生之间的关联或与现实之间的接触之类的生存方式时，并没有使用"当下"（here and how）这样的表达方式，而是使用了 sachlich 这个词。sachlich 的反义词是 unsachlich。二者都是源于事实、现实（sache）这一名词的形容词，sachlich 是符合事实的、现实的或者脚踏实地的之类的意思，我将其翻译为"即时的、当下的"。

活着很辛苦，但阿德勒试图在"sachlich 地活着（活在当下）"这种方式中寻找减轻人生辛苦的突破口。

第八章　活在当下

不刻意夸耀自己

要想不丧失与现实之间的连接点，活在当下，需要不去在意他人对自己的看法。倘若一味在意自己给他人留下了什么印象，他人如何看自己，那就会变得不符合事实，迷失与人生之间的关联。

倘若比起实际如何，更在意他人怎么看，那就会很容易丧失与现实之间的联系。

一旦因为想给他人留下好印象而按照他人眼光打造自己，那就会依赖他人的评价。即便我们能够让自己看上去比实际更好，但也无法左右他人如何看自己。

他人的评价与自己的本质没有关系，自己的价值并不会因为他人评价"你是个坏人"而降低。相反，也不会因为别人评价"你是个好人"而令自己的价值升高，成为一个好人。

那些一味在意他人如何看自己、极力去迎合他人的人不仅没有属于自己的人生方向，还会引来他人的不信任感。因为大家迟早会发觉你没有坚定的立场，会同时接受相互矛盾的观点，或者宣誓忠于相互敌对的人。

若是不断察言观色，做事一味讨好他人，那或许不会被人讨厌。但如果总是想要迎合他人，过的就是他人的人生而不是自己的人生。有人讨厌自己恰恰证明自己活得自由，这是自由活着所必须付出的代价。为了活得自由需要拥有被讨厌的勇气，但那些原本就丝毫不在意被人讨厌的人并不需要刻意培养这种勇气。

不对自己或他人抱有过高期待

为了不丧失与现实之间的联系，必须看到现实的自己或他人，不能理想化地看待自己或他人。

接纳真实的自己而不是理想化的自己，这叫"自我接纳"。这不同于接纳根本不存在的自我意义上的"自我肯定"。例如，我们不可能受所有人的喜爱。即使受很多人喜爱，即使想让所有人都喜欢自己，现实中也根本不可能实现。

倒不是说一直维持现状就可以，但我们只能从真实的自己出发。那些对自己抱有太过脱离现实的理想之人，往往会想要以现实与理想背离为理由逃避人生课题。就学习或工作来说，我们只能认清自己的真实能力，若是有必要的话，就努力提升自身能力。

也不要理想化地看待他人。例如，不管孩子是生病还是在父母看来做了一些问题行为，抑或不符合父母的理想，孩子就是孩子，父母都得与这样的孩子生活在一起。父母不能因为孩子不符合自己的理想就与其断绝亲子关系。即便孩子还有很多需要改进之处，也一定得接受孩子的真实存在。这就是不理想化地去看待孩子。

不要等待某些事情实现

为了不丧失与现实之间的连接点，不可以认为只有实现了某些事真正的人生才会开始。过去和未来都不存在，我们只能活在当下。

所以要真实地活着，不能一味寄希望于"如果……就"的可能性中。不等待什么事情的实现，过好当下真实的人生。现在不是彩排，而是正式演出。对于那些总是活在"如果……就"的可能性中，一味等待某些事情实现的人来说，某些事情实现之前的人生就成了假定的人生。并且，认为自己当下活在假定人生中的人其实是活在可能性之中，那种可能性一旦变为现实，他们反而会更加困惑。

所以，这样的人往往会拖延解决问题。有人不管面对任何课题，都只有在把握十足的时候才会去挑战。这样的人害怕失败，所以就害怕挑战课题，"他们常常会希望时间静止不前"。

黑格尔在《法哲学原理》的序文中引用了下面这句话：

这里就是罗德岛，就在这里跳吧！

这句话源自埃索波斯的寓言故事。有一名总是被人们说缺乏勇气与胆识的奥林匹亚运动员有一次从外地参加比赛回来，大肆吹嘘说自己在各个地方都勇猛无比、威名远扬，尤其是在罗德岛跳远时开创了历史新纪录。他还说若是到罗德岛去，那些在场的人都可以为自己作证。于是，在场的一位听众打断他说："喂，这位朋友，倘若那是真的，根本不需要什么证人。这里就是罗德岛，你现在就跳吧！"

暂且不去讨论埃索波斯或引用这句话的黑格尔的意图是什么，我认为故事中的这名运动员就是一个活在可能性中的人，或者说只活在不需要真正实行的假设之中的人。

这样的人其实并不希望可能性成为现实。被说"你其实很聪明，如果努力就能够做到"的孩子绝不会去学习。只要活在"如果做就能够做到"的可能性中，就能够在这种可能性中充当"聪明孩子"。他们可不愿费力地试错、学习、考试，还要因为成绩不好而被说是"笨孩子"。

可是人们迟早要去面对结果，所以拖延挑战课题没有任何意义。如果结果不如意，那只需要重新挑战即可。

康拉德·柴卡里阿斯·劳伦兹说过下面这样的话。隔着栅栏狂吠的狗需要确定对面的狗绝不会跑到自己这边来。只要有这个前提在，它们就会互相威吓，而原本以为会永远存在的栅栏一旦消失，两条狗直接面对面时，双方都会陷入恐慌。

只要在空间和时间上处于安全圈之内，那就什么都可以说。

自然运动和受迫运动

亚里士多德将运动划分为两大类。一种被称为"自然运动（kinesis）"，这种运动有起点和终点。这种运动往往寻求尽可能高效地从起点到终点移动。并且，运动在尚未到达终点这一意义上来讲是不完整的。如果没有到达目标点，这种运动在被中断这一意义上来讲就是未完成、不完整的。倘若用亚里士多德的话说，就是在这种自然运动中，重要不是"正在进行"，而是在多长时间内"已经完成"多少事情。

此外还有一种"受迫运动"（energeia）。打个比方来说的话，这种运动就像是两个人跳舞时的运动。跳舞的两个人即使作为结果移动到了远处，也不会是为了到达某地而跳舞。跳舞时的运动，其本身就是完整的。受迫运动常常具有自身的完整性，与"从哪里到哪里"之类的条件和"在多长时间内"没有关系。在受迫运动中，"正在进行"本身就是"已经完成"。

那么，活着属于哪一类运动呢？很明显，是受迫运动。的确，人们往往会将人生想象成一种由出生开始到死亡终结的线性运动。当问到认为自己现在正处于人生的哪个阶段，年轻人常常会回答说自己离终点还很远。不过，这种答案是以自己能够活到八十岁左右为前提的，可活到八十岁绝不是什么理所当然的事情，谁都不知道人生什么时候会因为疾病、事故或者灾害而落下帷幕。

当下的幸福

因为一个弑父娶母的神谕，俄狄浦斯出生后即遭父亲遗弃。俄狄浦斯后来成了忒拜的国王，为了探寻降临到忒拜的灾难的原因，他试图找到杀死先王的凶手。可是，当他回顾自己的人生之路才发现先王就是自己的生父，也逐渐惊讶地明白了自己果真如预言所讲弑父娶母。俄狄浦斯在极度绝望之下用短剑刺瞎了自己的眼睛，变成了盲人的他开始去周游各国。

合唱团这样歌唱试图逃脱既定命运却根本无法逃脱的、身处荣华富贵之巅的俄狄浦斯：

啊，生活在祖国忒拜的人们呀，用心看看吧！这就是俄狄浦斯！

他曾因解开谜底而名扬四海、权倾天下，人人都敬仰、羡慕他的幸运！

啊，而如今的俄狄浦斯却被命运吞噬、毁灭！

第八章 活在当下

所以,终将死去的凡人!你就好好等待自己大限之日的到来吧!

不到静好人生的最后一天,谁都没法断言自己幸福!"

坐享荣华富贵的吕底亚国王克罗伊斯问希腊七贤之一的雅典政治家梭伦:"雅典的客人啊,你的大名如雷贯耳。我知道你是一位贤者,也听说你为了求知而周游世界各地。所以我想问问你,有没有见到过世界上最幸福的人呀?"

克罗伊斯原本以为自己就是世界上最幸福的人,所以便认为梭伦当然会说出自己的名字。可是,梭伦却列出了别人的名字。克罗伊斯对此感到不满,于是追问梭伦,"难道你认为我的这种幸福毫无价值吗"。梭伦回答,任何幸福都不知道会持续到什么时候,即便今天幸福也无法保证明天也一样幸福,"人间万事皆偶然"。

事实上,吕底亚国遭到了波斯人的入侵,首都萨迪斯陷落。克罗伊斯被绑在堆积如山的木柴上处以火刑。那时候,他突然想起梭伦说过的话:

只要还活着,任何人都称不上幸福。

这句话要告诉人们,即使身享荣华富贵的人也不知道最后会如何。究竟是不是不到最后一日就不能说谁幸福呢?

对于这个问题,正如阿德勒所言,如果能够活在当下,并且将生命理解为一种受迫运动，那就能够回答而不必等到最后一日。

作为受迫运动的人生，当下即是完成。人就"活在"时时刻刻的"当下"。

作为受迫运动的人生

仅仅活着并不是活在作为受迫运动的人生中。

对此，苏格拉底说："最重要的不是活着，而是活出美好。"

如果仅仅是把明天当作今天的延伸，只想着延长寿命，那就无法使当下的人生过得完整。不要思虑明天，充实地过好今天。如果能够认真地过好每一天、每一瞬，那些容易被忽略的瞬间就会迥然不同。正如旅行时重要的不是到达目的地，而是享受到达目的地之前的过程一样，人生也能够像旅行一样享受过程。

如此想来，死亡便不再是阻断人生行程的威胁，即便看上去活着时所经历的一切都会随死亡归于虚无。仅仅追求活着或者延续生命就会希望时间永恒，但好好活着或者作为受迫运动的人生则指向超越时间的永恒。

认为有妨碍自己当下幸福的事情，如果这些障碍消除了就能够获得幸福，如果某些事情实现了就能够获得幸福，或者说过去经历的精神创伤造导致了现在的生活痛苦，这些都是神经症理论。在这种理论中，活着被理解成了一种自然运动。

认真生活

倘若把人生当作一种受迫运动，认真地活在当下，那就既没有过去也没有未来，所以也就不会追悔过去、焦虑未来。

我们要珍惜每一个瞬间，过好当下。不过，倒也没必要为了过好当下而时刻保持一种令人窒息的紧张状态。为了真实地活在当下必须要认真生活，但认真生活并非沉重生活。如果不认真生活就无法享受人生。这就好比只有遵守规则认真投入才能享受游戏一样，可是我们不至于因为输了游戏就去死。如果失败了，重新来做就可以。我们也可以像享受游戏一样去享受人生。柏拉图说正确的生活方式就是抱着一种游戏人间的心态去生活。旧约圣经中的《传道书》写道："任何事情，无论出生还是死亡，都有'定期'，人徒增烦恼又有何用？！"不过，该书中接着写道："对人来说，最大的幸福就是开心快乐地过一生。"

要想享受人生就必须认真生活。说人生也是一种游戏，肯定会有人反对，这样的人面对人生的态度肯定是一本正经的。当然，这倒也没问题，但没必要太过沉重。

如果对一名拿到了医生诊断书能够停职休息的人说,"终于能够休息了,好好养足精神吧",往往会遭到抗拒。

"我是因为生病才休息的。"

"不,是为了恢复元气才休息的!"即便对患者这么说,也不会奏效。

"去旅行怎么样?"

"不行。如果公司打电话到家里却无法接听的话,就会被认为明明在疗养中还出去玩儿。"

这样的人或许认为请假期间上司或同事也会时常关注自己,但职场中的人都很忙,所以没人会去关注休假中的人。当我们明白休息的真正含义,能够拿着手机去远处旅行的时候,心中的沉重感就会消失,继而便会逐渐恢复元气、振作起来。

阿德勒说,"有的人总是保持好心情并有意炫耀、强调这一点,他们往往会试图捕捉人生的阳光面,努力在喜悦与快乐中打造人生所需要的基础",但这其中也能够看出"层次差别"。

有的人内心深处总会涌现一种孩子气的快乐态度,他们正是从一些孩子气的做法中获得快乐源泉,不回避课题,而是试图以一种游戏心态去面对、解决课题。

不过,他们中有的人太过孩子气,即使在必须认真对待的状况下也过于游戏人生。

这种性格显得对人生不够认真,所以很难给人留下好印象,常常会令人感觉靠不住。因为,具有这种性格的人往往会试图过于简单地克服困难。就像经常见到的一样,出于人们对这种性格者的认识,他们一般都不会被委以什么困难课题。如果是自己主动回避困难课题的话,那还另当别论,事实上,我们根本不会见到他们参与一些真正困难的课题。

总是倾诉失眠问题的人往往不会被委以重要工作,而失眠症的目的就是避免被委以重要工作。因为失眠症而远离课题的人往往太过沉重,那些过于开朗的人虽然不沉重却不够认真。开朗也存在程度问题。任何课题不努力都无法完成,如果有人面对课题表现得过于轻松,甚至满不在乎,那么周围的人势必会觉得其不可靠。若是尽管认真面对课题却失败了,那尚且可以信赖,但太过开朗的人之所以会被调离困难课题,正是因为大家认为其不会认真面对课题。

尽管如此,我还是忍不住要为这种类型的人辩解几句。因为比起那些总是闷闷不乐、一脸哀伤,总是盯着事物阴暗面的人,这种类型的人更容易接受现实。

阿德勒说,如果撇开太过开朗可能产生的问题,开朗的人还是有很多优点的，他们不仅不会回避课题，反而会以一种轻松的游戏心态去面对课题，最能展现出"美感与共鸣"。那么，怎样才能认真而轻松地活着呢？

保持梦想

在那些满怀希望地追逐梦想和理想并决心要认真生活的年轻人面前，总会有残酷的现实与"看透"人生的冷漠成年人阻拦去路。记得我年轻时经常读的三木清《不可言喻的哲学》，书中写到，"通达世故的聪明人"语重心长地对三木说："你太过理想化了，总爱做梦。这种梦想势必会破灭、归于绝望，所以一定要现实一些！"

三木的回答，我记得非常清楚，如果有人对我那么说，我也想做出同样的回答："我什么都不懂。但我知道一颗纯粹的心就应该永远会做梦。"

不知是幸运还是不幸，我并不曾在成长过程中遇到讲此类话的成年人，但即便有人劝我放弃做梦，我也不会听。

三木清写《不可言喻的哲学》是在二十三岁的时候。我认为自己无论多大年纪都不会成为"通达世故的聪明人"，并暗暗为此自豪。

大家或许认为心灵纯粹、感受力强的人会活得很累。很多时候，那样的人也会放下理想，变得现实，在某些地方做出妥协，让心中的某些角落变得钝感十足。但我希望大家明白，我们也可以不这么做。

作为指路明星的理想

三木清所说的爱做梦，是指保持理想、认真生活。就像旅人依赖北极星指路前行一样，只要看着"指路明星"，我们就不会迷失。如果看不到它，人就会拘泥于眼前之事，甚至沦为目光短浅的享乐主义者。若是迷失理想，那"活在当下"的生活方式就只是沉湎于享乐主义。

这种理想就是对他者做贡献。我们前面已经讲过什么是对他者做贡献。阿德勒认为这才是"善"，但贡献并不是做什么特别之事的意思，自己活着本身就已经在为他人做贡献。以此为出发点，做一些能做的事情。只要心怀理想，眼中就会时常有最终想要达成的目标，做什么都不会迷失方向。不必与他人竞争，也不必纠结过去、焦虑未来，就认真但不沉重地活在当下，就像享受跳舞一样。阿德勒说这样做的话势必会到达某个地方，但并不以到达那里为目标，而是以对他者做贡献为理想和目标，认真活在实现目标的过程中。阿德勒所说的目的论，是以善为目标的意思。在确立某种目的时，这个目的并非一定要指向未来。

乐观主义

"也可以用其他标准对人进行分类,例如,如何面对困难。乐观主义者往往是性格整体呈直线发展的人,他们会勇敢面对一切困难,且不会把事情看得过于严重。拥有自信,就会较容易发现对人生有利的立场,也不会过度要求什么。自我评价高,不会感觉自己微不足道。因此,他们比那些想方设法证明自己脆弱、不足的人更容易忍耐人生困难,即便在困难境遇下也能够保持冷静,坚信可以重新开始。

乐观主义者不会把困难想得过于严重,也不会逃避困难。就像前面看到的一样,他们不会活得太过沉重,即使面对困难课题也会认真应对。面对人生困难有时并不容易,但乐观主义者绝不会一开始就放弃。

那些认为自己很脆弱且十分不足的人从一开始就不愿挑战困难。他们会把自己的脆弱和不足当作不挑战课题的借口,并且,为了让自己和他人相信这一点而不去面对课题。

相反,那些认为自己有价值、自我评价高的人往往能够忍耐困难。即使出现失误或者遭遇失败,也不会因为觉得无计可施而放弃,能够想办法做些能做的事情。为了弥补失败而尽力复盘就是认真面对课题。没有面对课题的捷径,但如果认真

第八章　活在当下

面对，也没有那么多做不到的事情。很多情况下，人们更多的是在面对课题前就先放弃了。如果失败了，从头再来就可以，追悔失败没有任何意义。

有人因为操作失误瞬间丢失了在电脑上写好的好几万字的稿子，他在稿件前发了三十秒的呆，但是，三十秒后，他又重新从头开始写稿子。再怎么苦恼，丢失的稿子也不会复原。如果没有放下所失之物的勇气，就无法再次前行。

内村鉴三引用了英国思想家、历史学家卡莱尔的例子，并说卡莱尔之所以伟大并不是因为他留下了《法国革命》，而是因为他历经数十年写成的《法国革命》不幸被当成废纸烧掉时依然勇敢地重新再写的事迹打动人心，鼓舞着遭遇同样不幸的人。内村鉴三说，比起著作，卡莱尔的这种生活方式才是留给后世的更大遗产。

卡莱尔痛失自己耗费数十年写成的书后，精神恍惚了十天之久。但是，他最终打起精神对自己说了下面这段话，鼓励自己再次拿起笔重新写。

托马斯·卡莱尔啊，你可真是个傻瓜！你写的《法国革命》并没有那么可贵，最可贵的是你战胜困难重新拿起笔再写这个举动。这才是你真正了不起的地方。实际上，因为这点儿挫折就失望的人写出来的《法国革命》，即便拿到社会上也不会对人们有所帮助。所以，再重新写一次吧！"

乐观主义者即便面对这种困难的危机状况也能坚信"失误可以弥补"。阿德勒说有的孩子具有乐观主义精神，他们相信自己能够圆满解决所被给予的课题，这样的孩子往往具备"勇气、率直、信赖、勤勉"之类的特质，而这些特质正是"相信自己能够解决课题者所具备的典型性格特征"。

更为重要的是教育孩子成为勇敢、坚毅、自信的人，让其明白失败绝非挫伤勇气之事，而是应该积极面对的新课题。

没有人不会失败。失败的时候只能承担失败的责任。愿意认为自己"脆弱"的人往往会表现出悲叹不已、追悔莫及的样子，但即便那样也于事无补。

悲观主义

另外，"想方设法印证自己脆弱"的人在遇到危机状况时往往无法保持冷静。那样的人若是失掉了耗费数十年写成的书稿，恐怕就什么也不做了。因为，他们会想要将这种不幸事件当作"自己脆弱"的缘由。但若是能够重新开始写的话，那将会证明自己并不脆弱。这样的人一般会认为，如果能够证明自己很脆弱，今后就可以不用去面对重要课题了。

另一种类型就是悲观主义者,他们所引发的教育问题往往最难解决。这种类型的人一般具有源自孩童时代体验与印象的自卑感,他们会因为经历过太多困难而深感人生不易。一旦因为处理不当而形成了悲观主义世界观,他们就会常常关注人生的阴暗面,比乐观主义者更容易意识到人生困难,更容易丧失勇气。

重点是并非因为遇到某些困难才成为悲观主义者。即便遭遇同样的事情,也有勇敢面对的人。准确地说,应该是为了不面对课题才主动选择悲观主义。

当然,最初或许确实有某种导火索,正如阿德勒所言,也许确实有导致产生自卑感的事件,但那之后是否会盯着"人生阴暗面"一味悲叹却常常因人而异。

阿德勒说,认为自己无法解决自己课题的孩子往往会养成"悲观主义"性格特征。

我们能够在那些胆小、怯懦、保守、多疑、脆弱的人身上看到一种自保型的性格特征。

这种类型的孩子往往会消极地认为自己什么也做不了,在人生中常常会畏缩不前,远离各种人生课题。认为做什么都无济于事的人一般什么都不会去做。悲观主义者在面对困难时也同样会什么都不做。乐观主义者会"勇敢面对一切困难",

并且，即使面对困难，他们也"不会想得过于严重"。"拥有自信，较容易发现对人生有利的立场"，"也不会过度要求什么"。不过度要求是指既全力以赴去面对课题，也承认有自己力所不及的事情。即便如此，乐观主义者还是会在所处状况下去做一些能做的事情，这也是他们与悲观主义者的不同之处。

很多人都局限于宿命论，认为没什么能做的事情。悲观主义者往往就因为这种想法而不愿去面对人生课题。

据说阿德勒经常对学生这么说："大家想象一下我们久远时代的某位祖先坐在树枝上的情形。那时的祖先还有卷尾，因为人生太过悲惨而在思考应该做些什么。这时，另外一个人说，'烦恼这些有什么用呢？事态已经超出了我们的能力范围。咱们什么也做不了。老老实实待在树上就是最好的选择'。若是我们的祖先听从了这种劝说会怎么样呢？那恐怕我们现在也还是长着卷尾坐在树上吧。实际上怎么样了呢？那些选择待在树上的人现在在哪里呢？已经灭绝了！并且，这种灭绝过程现在也一直在继续。这一点非常残酷，事实总是残酷的。因为没从树上下来，肯定牺牲了无数的人。无数的人死亡，无数的家庭破碎，这都是因为选错了人生答案。"

说什么都做不了、什么都不做的悲观主义者怎么样了呢？阿德勒说："灭绝了！"

第八章　活在当下

两只青蛙

阿德勒曾对朋友讲过这样一个故事。

两只青蛙在装有牛奶的壶边上蹦跳着玩耍，突然，两只青蛙都掉进了牛奶壶中。其中一只青蛙刚开始还使劲儿蹬哒了一阵子腿，但很快就因认为自己不行而放弃了。这只青蛙呱呱地哀叫着什么都不做，一动不动地待着溺亡了。

另一只青蛙也同样掉进了牛奶壶中，虽然不知道会怎样，但它想总得想办法做些什么。它认为现在能做的就是蹬哒腿，于是便踢蹬着腿拼命游动。没想到脚下竟然凝固了，牛奶变成了黄油。然后，这只青蛙便能爬上去并跳到了外面，从而得以生还。

这个故事中的前一只青蛙是悲观主义者，常常感到无能为力的悲观主义者往往缺乏面对状况的勇气，什么都不做。

后一只青蛙并不是因认为"无济于事"而轻易放弃的悲观主义者。乐观主义者往往会认清现实并从客观现实出发，客观地看待现实，不妄加定义（属性化）。基于现实做一些能做的事情。

故事中这只乐观的青蛙最终得救了，这只乐观主义者的青蛙在掉进牛奶壶的状况下做了能做的事情。阿德勒说，我们需要向孩子们灌输这种乐观主义思想。

如果掉进牛奶壶的青蛙是乐天主义者的话，那它或许会认为"没事，总会有办法的"，却什么都不做。乐天主义者不管发生什么都认为没事，总觉得不会发生坏事，发生任何事都会说"总会有办法"，却什么都不做。他们甚至会希望通过超自然的力量去摆脱困境。可是，一味等待根本无济于事，谁都不知道是否会"有办法"。

也有人乍一看像是乐天派但实际上并不是。阿德勒说如果有人在任何状况下都是乐天派，那样的人肯定是悲观主义者。即便面对失败似乎也无动于衷，他们只是认为一切早已注定，装出一副乐天家的模样而已。

这样的人如果看到事情不如自己所愿就会非常沮丧。认为自己的命运早已注定的人，有些是曾遭遇过某种可怕事件却幸运地平安获救者。那样的人往往会觉得自己命中注定会有更好的际遇。

阿德勒还举了一个有这种想法的人的故事。他在经历了事与愿违的事情后便丧失勇气，陷入了抑郁状态。

这个人有一次想要去维也纳剧场。可是，在那之前他必须先去一趟别的地方。等他办完事赶到剧场时，发现剧场已经被烧掉，什么都没有了，只有他自己避免了灾难，存活了下来！能够想象得到，经历了这种事情的人往往会感觉自己"大难不死，必有后福"。一切都很顺利。可是，他与妻子的关系一破裂，他瞬间便感到备受挫折。这件事之后，他的精神支柱一下子崩塌了。作为宿命论者的他并没有努力修补与妻子之间的关系。

对此，阿德勒解释说："宿命论其实是在怯懦地逃避本应积极面对的课题。由此就可以明白宿命论只是一种虚假的精神支柱。"

阿德勒说应该避免将世界讲得过度理想化或者用悲观的语言描述世界。前者会助长乐天主义，而后者则会助长悲观主义。

第二次世界大战时，达豪有一个犹太人集中营。据说曾经听阿德勒讲过两只青蛙故事的阿尔弗雷德·法罗尔也待在集中营里，他通过给集中营里的人讲述这个故事，帮助很多人摆脱了无力感，而其他未能振作起来的犹太人则在被送到毒气室之前就已经精神崩溃了。

很多人在听到两只青蛙的故事时肯定是将自己想象成乐观主义者的青蛙了吧。也许他们是通过这种想象才能超越了自己所处的严酷现实。

不逃避人生课题

婚恋关系不顺的人、工作不努力的人，或者几乎没有朋友、不愿与人来往的人，往往会出于对人生的自我设限而认为生活没有好事，全都是失败、困难和危险。这样的人行事往往非常保守，他们会认为"人生就是要筑起壁垒保护自己，让自己安全避开各种危害"。

"婚恋关系不顺的人、工作不努力的人,或者几乎没有朋友、不愿与人来往的人"与阿德勒通常所提及的顺序有些不同,它们分别是指在爱情课题、工作课题、交友课题方面存在问题的人。那样的人之所以会认为"生活没有好事,全都是失败、困难和危险",是源于"对人生的自我设限"。

当然,我们不可能把一切课题都完美地解决。不过,因为经历一些失败就不再愿意或者无法去解决课题,那实际上并不是因为人生或者自身有限,而是为了不去面对人生课题才自我设限。当然,如果避开课题,或许就不会受伤。倘若有人认为人生"很危险",那其实是因为他需要这么做。为了"让自己安全地避开各种危害",必须要逃避人生课题。而为了拿出正当理由逃避人生课题,就必须认为人生很危险。那其实只是他自己对人生所下的定义而已。

我们可以再来观察一下这样的人。他们拥有亲密融洽的爱情关系、事业有成、交友广泛。这样的人往往认为人生的机会多多,即使失败了也可以重新再来。他们直面人生中一切课题的勇气往往源于这样一种认识:"人生就是要关心同伴、融入整体、尽力贡献以获得幸福!"

这样的人即便在某个课题上遭遇挫折也不会因此就认为

自己不幸，连失败也能看成是好机会。即使失败了，他们也能够认为那种失败绝非"无可挽回"。

"人生就是要通过关心同伴、融入整体、尽力做贡献以获得幸福！"

这就是对共同体感觉简明扼要的解释。

自己才是自己命运的主人

人绝非受命运摆弄的无力存在。当然，这并不是说人生就会随心所欲，只要活着就势必会遇到一些令我们明白人生绝不会随心所欲的现实。即便如此，我们还是必须活下去。

遇到任何困难都归结于身体状况、遗传、过去的成长经历、以往遭遇的事故或灾难等，只要如此就丝毫无法向前迈进。

对此，阿德勒说："如果我们能够掌握这个方法（不是只看个别现象，而是时时关注人在整体中的位置），并且清晰地意识到我们可以通过更加深入地认识自己而采取更加恰当的行为方式，那就可以成功影响他人，尤其是孩子们，也不会认为自己的命运无法改变，还能防止以生长在沉重的家庭环境中为理由让自己陷入或保持不幸。倘若能够成功做到这一点，人类文化就会向前迈出决定性的一步，就有可能培养出意识到自己才是自己命运之主的一代。"

就像前面已经多次讲到的一样，遇到不顺的时候，如果能够在自身之外寻找原因，那可能会变得轻松。但是，阿德勒绝对不主张这么做。只有今后怎么做才是重要的，如果明白现在的问题出在哪里，只要拥有选择与之前不同生活方式的勇气，就能够成为"命运的主人"。

参考文献

Adler, Alfred, *The Individual Psychology of Alfred Adler: Systematic Presentation in Selection from his Writings*, Ansbacher, Heinz L. and Ansbacher, Rowena R. eds., Basics, 1956.

Adler, Alfred, *Superiority and Social Interest: A Collection of Later Writing*, Ansbacher, Heinz L. and Ansbacher, Rowena R. eds.,W. W.Norton,1979 (Original:1964).

Adier, Alfred, *Adlers Individualpsychologie*, Ansbacher, Heinz L. and Ansbacher, Rowena R. eds., Ernst Reinhardt Verlag, 1982.

Adier, Alfred, *Adler Speaks: The Lectures of Alfred Adler*, Stone, Mark and Drescher, Karen eds., iUniverse, Inc., 2004.

Adler, Alfred, *Über den nervösen Charakter: Grundzüge einer vergleichenden Individualpsychologie und Psychothera-pie*, Vandehhoeck & Ruprecht, 1907.

Adler, Alfred, 'Das Todesproblem in der Neurose', *Alfred Adler Psychotherapie und Erziehung Band III*, Frankfurt am Main: Fischer Taschenbuch Verlag, 1983 (Original: 1936).

Adler, Alfred, "Über den Ursprung des Strebens nach Überlegenheit und des Gemeinschaftsgef ü hls," Internationale Zeitschrift fur Individualpsychologe, 11, Jahr. 1933 (*Alfred Adler Psychotherapie und Erziehung Band III*), Frankfurt am Main: Fisher Taschenbuch Verlag, 1983 (Original: 1964).

Alain, *Propos sur le bonheur*, Gallimard, 1998.

Ansbacher, Heinz L, Introduction. In Adler, Alfred, *The Science of Living*, Double Day, 1996 (Original: 1929).

Bottome, Phyllis, *Alfred Adler: A portrait from life*, Vanguard, 1957.

Burnet, J.ed., *Platonis Opera, 5 vols.*, Oxford University Press, 1899–1906.

Dinkmeyer, Don C. et al., *Adlerian Counseling and Psychotherapy*, Merrill Compay, 1987.

Fromm, Erich, *Haben oder Sein*, Deutscher Taschenbuch Verlag 1976.

Laing, R.D., *Self and Others*, Pantheon Books, 1956.

Manaster, Guy et al. eds., *Alfred Adler As We Remember Him*, North American Society of Adlerian Psychology, 1977.

Rilke, Rainer Maria, *Briefe an einem jungen Dichter*, Insel Verlag, 1975.

Ross, W.D.(rec.), *Aristotle's Metaphysics*, Oxford University Press, 1948.

Shulman, Bernard, *Essays in Schizophrenia*, The Williams & Wilkins Company, 1968.

Sicher, Lydia, *The Collected Works of Lydia Sicher: Adlerian Perspective*, Adele Davidson ed., QED Press, 1991.

アドラー、アルフレッド「生きる意味を求めて」岸見一郎訳、アルテ、二〇〇八年

アドラー、アルフレッド「教育困難な子どもたち」岸見一郎

訳、アルテ、二〇〇八年

アドラー、アルフレッド『人間知の心理学』岸見一郎訳、アルテ、二〇〇八年

アドラー、アルフレッド『性格の心理学』岸見一郎訳、アルテ、二〇〇九年

アドラー、アルフレッド『人生の意味の心理学（上）』岸見一郎訳、アルテ、二〇一〇年

アドラー、アルフレッド『人生の意味の心理学（下）』岸見一郎訳、アルテ、二〇一〇年

アドラー、アルフレッド『個人心理学の技術Ⅰ 伝記からライフスタイルを読み解く』岸見一郎訳、アルテ、二〇一一年

アドラー、アルフレッド『個人心理学の技術Ⅱ 子どもたちの心理を読み解く』岸見一郎訳、アルテ、二〇一二年

アドラー、アルフレッド『個人心理学講義 生きることの科学』岸見一郎訳、アルテ、二〇一二年

アドラー、アルフレッド『性格はいかに選択されるのか』岸見一郎訳・注釈、アルテ、二〇一三年

アドラー、アルフレッド『子どものライフスタイル』岸見一郎訳、アルテ、二〇一三年

アドラー、アルフレッド『勇気はいかに回復されるのか』岸見一郎訳・注釈、アルテ、二〇一四年

アドラー、アルフレッド『人はなぜ神経症になるのか』岸見一郎訳、アルテ、二〇一四年

アドラー、アルフレッド『恋愛はいかに成就されるか』岸見一

郎訳・注釈、アルテ、二〇一四年

アドラー、アルフレッド『子どもの教育』岸見一郎訳、アルテ、二〇一四年

アラン『幸福論』串田孫一・中村雄二郎訳、白水社、二〇〇八年

伊坂幸太郎『ＰＫ』講談社、二〇一二年

伊坂幸太郎『死神の浮力』文藝春秋、二〇一三年

イソップ『イソップ寓話集』中務哲郎訳、岩波書店、一九九九年

内村鑑三『後世への最大遺物・デンマルク国の話』岩波書店、一九四六年

内山章子「姉・鶴見和子の病床日記」、鶴見和子『遺言　斃れてのち元まる』所収、藤原書店、二〇〇七年

エピクロス『エピクロス　教説と手紙』出隆・岩崎允胤訳、岩波書店、一九五九年

オハンロン、ビル『考え方と生き方を変える10の法則　原因分析より解決志向が成功を呼ぶ』阿尾正子訳、主婦の友社、二〇〇〇年

キケロー『老年について』中務哲郎訳、岩波書店、二〇〇四年

岸見一郎『アドラー心理学入門　よりよい人間関係のために』ＫＫベストセラーズ、一九九九年

岸見一郎『不幸の心理　幸福の哲学　人はなぜ苦悩するのか』唯学書房、二〇〇三年

岸見一郎『アドラーに学ぶ　生きる勇気とは何か』アルテ、二〇〇八年

参考文献

岸見一郎『アドラー　人生を生き抜く心理学』NHK出版、二〇一〇年

岸見一郎『困った時のアドラー心理学』中央公論新社、二〇一〇年

岸見一郎『アドラーに学ぶⅡ　愛と結婚の諸相』アルテ、二〇一二年

岸見一郎『よく生きるということ　「死」から「生」を考える』唯学書房、二〇一二年

岸見一郎『アドラーを読む　共同体感覚の諸相』アルテ、二〇一四年

岸見一郎『高校生のためのアドラー心理学入門　なぜ自分らしく生きられないのか』アルテ、二〇一四年

岸見一郎『子育てのためのアドラー心理学入門　どうすれば子どもとよい関係を築けるのか』アルテ、二〇一四年

岸見一郎『介護のためのアドラー心理学入門　どうすれば年老いた親とよい関係を築けるのか』アルテ、二〇一四年

岸見一郎『アドラー心理学実践入門　「生」「老」「病」「死」との向き合い方』KKベストセラーズ、二〇一四年

岸見一郎『叱らない子育て』学研パブリッシング、二〇一五年

岸見一郎、古賀史健『嫌われる勇気』ダイヤモンド社、二〇一三年

クシュナー、H・S『なぜ私だけが苦しむのか　現代のヨブ記』斎藤武訳、岩波書店、二〇〇八年

サン＝テグジュペリ『人間の土地』崛口大學訳、新潮社、

◠ 向阳而生的勇气

一九五五年

重松清「その日のまえに」文藝春秋、二〇〇八年

城山三郎「無所属の時間で生きる」新潮社、二〇〇八年

ソポクレス「コロノスのオイディプス」高津春繁訳、「ギリシア悲劇全集 第二巻」所収、人文書院、一九六〇年

ソポクレス「オイディプス王」藤澤令夫訳、岩波書店、一九六七年

高山文彦「父を葬る」幻戯書房、二〇〇九年

太宰治「二十世紀旗手」、新潮社、二〇〇三年

多田富雄「寡黙なる巨人」集英社、二〇〇七年

田中美知太郎「プラトンⅡ 哲学（1）」岩波書店、一九八一年

ダレル、ジェラルド「虫とけものと家族たち」池澤夏樹訳、中央公論新社、二〇一四年

デカルト「方法序説」谷川多佳子訳、岩波書店、一九九七年

ドストエフスキー「白痴（上）」木村浩訳、新潮社、一九七〇年

二宮正之「私の中のシャルトル」筑摩書房、二〇〇〇年

波多野精一「宗教哲学」岩波書店、一九三三年

ヒルティ、カール「眠られぬ夜のために」草間平作・大和邦太郎訳、岩波書店、一九七三年

藤澤令夫「藤澤令夫著作集」全七巻、岩波書店、二〇〇〇—〇一年

参考文献

フランクル、ヴィクトール「それでも人生にイエスと言う」山田邦夫・松田美佳訳、春秋社、一九九三年

フランクル、ヴィクトール「宿命を超えて、自己を超えて」山田邦夫・松田美佳訳、春秋社、一九九七年

フランクル、ヴィクトール「意味への意志」山田邦夫訳、春秋社、二〇〇二年

フロム、エーリッヒ「生きるということ」佐野哲郎訳、紀伊國屋書店、一九七七年

フロム、エーリッヒ「愛するということ」鈴木晶訳、紀伊國屋書店、一九九一年

ベルク、ヴァン・デン「病床の心理学」早坂泰次郎・上野矗訳、現代社、一九七五年

ヘロドトス「歴史（上）」松平千秋訳、岩波書店、一九七一年

ホフマン、エドワード「アドラーの生涯」岸見一郎訳、金子書房、二〇〇五年

三木清「語られざる哲学」「三木清全集 第十八巻」所収、岩波書店、一九六八年

森有正「いかに生きるか」講談社、一九七六年

森有正「旅の空の下で」「森有正全集4」所収、筑摩書房、一九七八年

森有正「バビロンの流れのほとりにて」「森有正全集1」所収、筑摩書房、一九七八年

リルケ、ライナー・マリア「若き詩人への手紙」佐藤晃一訳、角川書店、一九五二年

リルケ、ライナー・マリア「フィレンツェだより」森有正訳、筑摩書房、一九七〇年

ルクレティウス「事物の本性について」藤澤令夫訳、「世界古典文学全集 第二十一巻」所収、筑摩書房、二〇〇二年

レイン、R・D「レイン わが半生 精神医学への道」中村保夫訳、岩波書店、二〇〇二年

ローレンツ、コンラート「人イヌにあう」至誠堂、一九八一年

「聖書」新共同訳、日本聖書協会、一九八九年

后　记

　　在孩子小的时候，我们偶然读到了杰拉尔德·达雷尔的《我的家人和其他动物》。这是一个关于移居到希腊科孚岛的一家人的故事。

　　译者池泽夏树在后记中说："关于幸福的定义，哲学家们自古就列出了各种各样的道理，但没有人采用列举实例这种最简单易懂的方法来说明。"

　　人究竟能否获得幸福呢？人们都不希望自己不幸，但为什么还会有不幸的人呢？幸福究竟是什么？此类问题自古希腊时代以来就是西方哲学的中心主题，我自己也一直在对该主题进行考察。

　　但是，就像池泽所指出的一样，包括我自己在内，也许从没有哲学家能够举出"实例"。也就是说，或许从未有人能说"看，我是多么幸福啊"。

　　池泽接着写道："或许哲学家们不太幸福吧。"的确，在哲学家的肖像画或者近代之后的照片中还真无法一下子想起谁面带微笑。

　　当时读完"写出了幸福典型的书"的我，很自然地将书中出现的最小的孩子杰里和小狗罗杰分别与我的儿子和家里名叫亚尼的牧羊犬联系起来，梦想着孩子在大自然中自由自在地成长。并且，我还暗暗下决心："如果以往的哲学家都不幸福，那就让我来当一个幸福的哲学家给大家看看吧！"

但是，达雷尔一家在科孚岛的生活即便是幸福的实例，也成不了我获得幸福的理论支撑（试图找出这种东西或许是哲学家的通病），我在每天接送孩子上保育园的日子中疲惫不堪。那个时候，我邂逅了阿德勒心理学。我认为阿德勒思想并非突然出现在二十世纪初期的维也纳，它是与希腊哲学处在同一水平线上的哲学，而且阿德勒思想比希腊哲学更为具体。它拒绝想当然，彻底质疑、批判社会或文化的既成价值观，这可以说是真正的哲学精神。通过学习阿德勒思想，我找到了理解自己、他者或这个世界的钥匙，很快便成了阿德勒的"粉丝"。

我是在学习希腊哲学的同时学习阿德勒心理学的，学着学着又强烈地想要获得幸福。说哲学家不太幸福的池泽在说出前面的引文之后接着说，"我们都想结识幸福的人"。本文也提到过，无论怎么讨论何谓幸福，有些东西也只能通过"共鸣"来传达。若是谈论幸福的人自己不幸福，那就完全没有说服力。看到幸福的人，他们的幸福也会传达给他人。倘若想用自身幸福引起他人共鸣，仅仅学习理论还不够。

对此，阿德勒说："心理学不是一朝一夕能够学会的科学，必须在学习的同时不断实践。"

人无法独自一人获得幸福。的确，如果是独自一人的话，也许不会遭受他人的背叛、憎恨或嫌弃，但正如本文中也讲到的一样，生存喜悦也只能从人际关系中获得。

后记

想起高中时代因为我没有朋友而担心的母亲去找班主任老师咨询，结果老师对母亲说"他不需要朋友"。从母亲那里听到这句话的我，感觉自己的生活方式得到了肯定与支持。我从不与人比朋友数量，也不加入班级几个团体中的任何一个，一直保持着孤高态度。如果想要增加朋友数量，那只需要对所有人都和颜悦色就可以了。

不过，高中时代我也并非一直没有朋友。我只把后来在泰国当记者的日下部政三君默默视为朋友。我至今依然记得与他进行过的讨论。他与我同岁，心理却要比我成熟很多。

我们在高中毕业后一次都没有见过，而他去年客死异国他乡。即便许久不见也依然像高中时候一样，遇到问题我常常会想如果是他会怎么想，这对我来说是一种喜悦。他那不计名利、只将报道真相视为自己使命的生活方式至今令我深深共鸣。

本书的完成得到了很多人的帮助。尤其是责任编辑北村善洋先生，在多次的邮件往来以及当面商谈过程中，他通过宝贵可行的建议，逐渐帮我凝练想法并最终完成本书。非常感谢！

妻子庆子自本书草稿阶段就开始认真阅读我的书稿。妻子退休了，时间比较宽裕，又能够像学生时代一样与我反复讨论，着实令我喜出望外。

岸见一郎